TRAITÉ ÉLÉMENTAIRE

COMPLET

DE

MATHÉMATIQUES,

PAR

C. Menjaud,

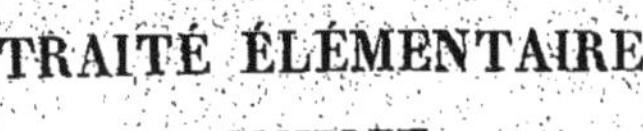

Professeur agrégé au Collége SAINT-LOUIS, ancien élève de l'ÉCOLE
POLYTECHNIQUE, EX-RÉPÉTITEUR à cette école.

PREMIÈRE PARTIE.

La première division de cette première partie comprend :

L'ARITHMÉTIQUE COMPLÈTE,
L'ALGÈBRE jusqu'aux équations du 2ᵉ degré,
La GÉOMÉTRIE PLANE.

Ce sont les matières de l'examen pour le BACCALAURÉAT.

La deuxième division de cette première partie, qui va paraître
incessamment, complétera les matières de l'examen pour les
écoles de *Saint-Cyr,* de la *Marine* et pour l'*École forestière.*

LIBRAIRIE CLASSIQUE DE PERISSE FRÈRES.

Paris,   **Lyon,**

RUE DU POT-DE-FER S.-SULPICE, 8.   GRANDE RUE MERCIÈRE, 33.

1838.

TRAITÉ COMPLET

DE

MATHÉMATIQUES.

PREMIÈRE PARTIE.

CHAPITRE PREMIER.

NOMENCLATURE ET ÉCRITURE DES NOMBRES, OU NUMÉRATION PARLÉE ET ÉCRITE.

1. Les *nombres* expriment les diverses pluralités d'objets semblables, comme lorsqu'on dit : ce bataillon se compose de *deux cent soixante-six hommes* ; le mois de février a *vingt-huit jours*. L'un de ces objets, un HOMME, un JOUR, s'appellent UNITÉ.

Ils expriment encore la *mesure* des grandeurs qui se présentent à nous comme formant un tout sans distinction de parties, comme lorsqu'on dit : Le tableau des Noces de Cana, de Paul Véronèse, qui appartient au

Musée royal de Paris, a *trois cent cinquante* pieds carrés de superficie, c'est-à-dire qu'il renferme trois cent cinquante carrés, dont les côtés ont un pied.

Le poids du régent, diamant appartenant à la couronne de France, est de *sept huitièmes* d'une ONCE.

Les nombres, *trois cent cinquante* et *sept huitièmes*, expriment qu'on a mesuré la superficie du tableau de Paul Véronèse avec un pied carré, et le poids du régent avec une once. UN PIED CARRÉ, UNE ONCE, s'appellent l'*unité*.

2. *Le nombre est donc une réunion d'unités ou parties égales de l'unité.*

Les noms des neuf premiers nombres, et les chiffres qui représentent ces noms, sont :

Un, deux, trois, quatre, cinq, six, sept, huit, neuf.

1, 2, 3, 4, 5, 6, 7, 8, 9.

On appelle dix ou *dizaine*, la réunion ou collection de dix unités.

Les noms des neuf collections différentes de dizaines, se font avec les mêmes mots que ci-dessus; on représente ces collections avec les mêmes chiffres, à l'aide d'un nouveau caractère o, qu'on nomme *zéro*, et qu'on écrit à la droite de ces chiffres.

	Une dizaine,	deux dizaines,	trois dizaines,	quatre dizaines,
ou	dix,	vingt,	trente,	quarante
	10,	20,	30,	40,
	cinq dizaines,	six dizaines,	sept dizaines,	huit dizaines,
ou	cinquante,	soixante,	soixante-dix,	quatre-vingt,
	50,	60,	70,	80,

neuf dizaines.

ou quatre-vingt-dix.

90.

Le nom d'un nombre composé de dizaines et d'unités, se forme avec les noms des élémens qui le composent. Le nombre s'écrit d'une manière analogue, en remplaçant dans l'écriture ci-dessus le zéro qui tient la place des unités, par le chiffre qui représente les unités qui entrent dans le nombre.

Exemple :

Dix un, trois dizaines trois, cinq dizaines sept, sept dizaines six,
ou onze,   trente-trois,   cinquante-sept,   soixante-seize,
11,   33,   57,   76,
neuf dizaines neuf.
ou quatre-vingt-dix-neuf.

99.

On appelle cent ou *centaine*, la collection de dix dizaines.

Les noms des neuf collections de centaines se font avec les mêmes mots que ci-dessus ; on les écrit avec les mêmes chiffres, à l'aide de deux o qu'on place à leur droite.

Cent, deux cents, trois cents, quatre cents, cinq cents,
100, 200, 300, 400, 500,
six cents, sept cents, huit cents, neuf cents.
600, 700, 800, 900.

Le nom d'un nombre composé de centaines, dizaines et unités, se forme avec les noms des élémens qui le composent. Le nombre s'écrit d'une manière analogue, en remplaçant dans l'écriture ci-dessus les zéros qui tiennent la place des dizaines et des unités, par les chiffres qui représentent les dizaines et les unités qui entrent dans le nombre.

Exemple :

Cent onze,   deux cent vingt-deux,   cinq cent trois,
III,   222,   5o3,
neuf cent quatre-vingt-dix-neuf.

999.

On fera remarquer la subordination des trois chiffres de ces nombres.

On appelle *mille* la collection de dix centaines. On compte par *mille*, *dizaines de mille*, *centaines de mille*, comme on a compté par *unités*, *dizaines d'unités*, *centaines d'unités*. Le nom d'un nombre composé des trois ordres de mille et des trois ordres d'unités, se fait avec les mêmes mots qu'on a déjà employés; il s'écrit avec six chiffres, dont chacun exprime la quantité de chaque ordre; ces chiffres se suivent de la droite à la gauche, comme les noms qu'ils expriment se suivent dans l'énonciation.

Exemple :

Cent mille, deux cent mille, quatre cent mille huit cent vingt-sept,
100,000,   200,000,   400,827,
neuf cent quatre-vingt-dix-neuf mille neuf cent quatre-vingt-dix-neuf unités.

999,999.

Million, *billion*, etc., sont la collection de dix centaines de *mille*, *dix centaines* de millions, etc. La nomenclature et l'écriture des nombres qui renferment ces diverses collections se fait d'après les mêmes règles que ci-dessus.

Exemple :

Sept cent deux millions ,- vingt-cinq mille , trois cent trente unités.

$$702 \qquad 025 \qquad 330$$

Ou en rapprochant les chiffres :

$$702,025,330$$

La vue de ce dernier exemple indique clairement la méthode pour traduire en chiffres un nombre écrit en mots ou énoncé, et réciproquement, pour écrire en mots ou énoncer un nombre écrit en chiffres.

3. En suivant l'idée de la subordination des chiffres selon le rang qu'ils occupent dans un nombre, on voit que pour joindre à un nombre, des parties ou *fractions* d'unités de dix en dix fois plus petites et qu'on appelle *dixièmes*, *centièmes*, *millièmes*, il faudra écrire à la gauche du chiffre des unités le chiffre des dixièmes ; à la gauche du chiffre des dixièmes, le chiffre des centièmes ; à la gauche du chiffre des centièmes, le chiffre des millièmes.

Exemple :

$$2,2$$
Deux unités deux *dixièmes*,
$$32,25$$
trente-deux unités deux dixièmes cinq centièmes,
ou trente-deux unités vingt-cinq *centièmes.*
$$321,427$$
trois cent vingt-une unités quatre dixièmes deux centièmes sept millièmes.
trois cent vingt-une unités quatre cent vingt-sept *millièmes.*

On interpose une virgule entre le chiffre des unités et le chiffre des dixièmes. S'il n'y a pas d'unités, on met un zéro qui en occupe la place.

On fera faire de nombreux exercices écrits et parlés sur les nombres ci-dessus qu'on appelle *nombres décimaux*.

4. Pour écrire la *moitié*, le *tiers*, le *quart*, les *deux cinquièmes*, les *trois septièmes* d'une unité, on se sert de deux nombres séparés par un trait horizontal.

Exemple :

$$\frac{1}{2}, \quad \frac{1}{3}, \quad \frac{1}{4}, \quad \frac{2}{5}, \quad \frac{3}{7}.$$

Le nombre inférieur 7, comme dans $\frac{3}{7}$, exprime qu'on regarde l'unité comme partagée en 7 parties égales; le nombre supérieur 3 indique qu'on ne considère que 3 de ces parties égales; le premier s'appelle *dénominateur*, le second *numérateur*.

$\frac{3}{7}$ est *une fraction ordinaire*, o,427 est *une fraction décimale*.

On doit faire de nombreux exercices sur la nomenclature et sur l'écriture des nombres entiers, des nombres décimaux et des fractions ordinaires.

5. Des principes de la numération, il résulte que pour rendre un nombre 4839 10, 100, 1000 fois plus grand, on devra mettre après les unités un, deux, trois zéros,

48390,   483900,   4839000.

Que pour le rendre 10, 100, 1000 fois plus petit,

il suffira de séparer par une virgule , de droite vers la gauche, un , deux , trois chiffres

$$483,9 \qquad 48,39 \qquad 4,839.$$

En effet , dans le premier cas chacune des espèces d'unités qui composent le nombre devient 10 , 100 , 1000 fois plus grande , et dans le second cas elles deviènt 10 , 100 , 1000 fois plus petite.

Du principe même de la numération des fractions ordinaires , il résulte qu'en doublant , triplant, etc., le dénominateur d'une fraction $\frac{5}{6}$, on rend la fraction deux , trois fois plus petite, $\frac{5}{6}$, $\frac{5}{12}$, $\frac{5}{18}$, puisqu'elle exprime alors des parties qui étant deux , trois fois plus nombreuses , dans l'unité , sont deux , trois fois plus petites. Au contraire , en rendant le dénominateur deux , trois fois plus petit , on rend la fraction deux , trois fois plus grande.

Remarquez encore que la 25e partie d'un nombre s'écrit de la manière suivante $\frac{49}{25}$; car le 25e de 49 se compose du 25e de toutes les unités qui entrent dans 49; or, le 25e de 1 est $\frac{1}{25}$; le 25e de 49 sera donc $\frac{49}{25}$.

CHAPITRE II.

Nous commençons la géométrie dès ce second chapitre, non seulement parce qu'il entre dans notre plan de faire marcher de front l'arithmétique, la géométrie et l'algèbre, mais aussi parce que quelques connaissances géométriques sont nécessaires pour comprendre le tableau des mesures usuelles que nous plaçons à la fin du chapitre, comme un texte pour composer des applications, qu'on doit proposer aux élèves à mesure que les règles arithmétiques sont démontrées.

NOTIONS DE GÉOMÉTRIE, MESURE DES LIGNES ET DES ANGLES, PERPENDICULAIRES ET OBLIQUES, ÉGALITÉ DES TRIANGLES, TABLEAU COMPARATIF DES MESURES ANCIENNES ET NOUVELLES.

§ I.

DÉFINITIONS, OBJET DE LA GÉOMÉTRIE, ÉGALITÉ DES TRIANGLES.

6. L'espace limité occupé par un corps quelconque, comme une pierre, le liquide ou l'air contenu dans un vase, s'appelle *volume* ou *solide*.

Les limites qui bornent le corps, qui le distinguent de tout autre, qui le dessinent en quelque sorte dans ses formes, s'appellent des *surfaces*.

Les limites qui bornent une surface, qui la distingue de toute autre, qui la dessine dans son contour, s'appellent des *lignes*.

On appelle *point* le lieu où deux lignes différentes viennent se rencontrer ; il distingue l'une des lignes de l'autre.

7. Considérons une ligne tracée sur une surface ; elle peut glisser sur cette surface en y restant complétement appliquée, pourvu qu'à chaque instant de son mouvement, elle change convenablement les ondulations de sa forme. Si l'on suppose maintenant que la surface soit anéantie, et que cependant la ligne recommence le même mouvement, avec les mêmes circonstances, la trace que cette ligne laissera dans l'espace sera la surface même. Dans ce sens on dit que *les surfaces sont engendrées par le mouvement des lignes.* Dans le même sens on dit que *les lignes sont engendrées par le mouvement d'un point.* Cette manière d'imaginer les surfaces et les lignes, les fait concevoir comme pouvant être prolongées et étendues en tout sens.

Le point n'a pas d'étendue, son mouvement engendre la ligne étendue en un sens seulement. On dit que *la ligne n'a qu'une dimension.* La ligne dans son mouvement engendre la surface, *qui est l'étendue en deux dimensions.* Enfin, la surface, en traversant l'espace, engendre *le corps qui a trois dimensions.*

8. On appelle *ligne droite*, celle qui marque le plus court chemin entre deux quelconques des points qui la composent. La lumière se propage d'un point lumineux jusqu'à notre OEil en ligne droite. C'est à l'aide de cette propriété qu'on exécute l'instrument appelé *règle*, dont on se sert dans le dessin géométrique, pour tracer des lignes droites.

Lorsqu'un point dans son mouvement dévie à chaque

instant indivisible de la direction rectiligne, il engendre une *ligne courbe*.

9. On appelle *surface plane* celle sur laquelle une ligne droite peut être appliquée en tous ses points, en quelque lieu que ce soit de la surface. Pour exécuter cette surface dans les arts mécaniques, on ajuste une règle sur la matière en œuvre à divers instans du travail, lequel se continue, jusqu'à ce que l'œil n'aperçoive plus aucun intervalle entre la règle et la surface, en quelque lieu de la surface qu'on répète l'essai.

Soit deux lignes droites qui se traversent dans l'espace. Imaginons qu'un *plan* contienne une de ces lignes, et par conséquent aussi un point de l'autre qui est le point de rencontre; il pourra pirouetter autour de la première ligne sans l'abandonner; mais quand il viendra à rencontrer un autre point de la seconde, ce qui arrivera nécessairement, il contiendra cette seconde tout entière d'après la définition, et la position du *plan* sera fixée. Car s'il pirouettait encore autour de la première, il abandonnerait la seconde, et s'il pirouettait autour de la seconde, il abandonnerait la première. À cause de cela on dit que *deux droites qui se rencontrent fixent la position d'un plan*.

10. Lorsque deux droites indéfinies sont tracées sur un même plan, ou elles ne se rencontrent pas, à quelque distance qu'on les prolonge, alors elles sont dites *parallèles*; ou elles se rencontrent en un point et s'inclinent l'une sur l'autre : l'inclinaison plus ou moins grande de ces deux droites s'appelle *angle*.

11. Le *volume*, la *surface*, la *ligne*, l'*angle* sont les objets de la GÉOMÉTRIE. Cette science étudie spécu-

lativement *les propriétés* de ces objets , pour arriver à les *mesurer*, ce qui est le but définitif de toute application.

12. Dans cette première partie, on ne considérera que les figures tracées sur des surfaces planes. Celles qui sont terminées par des lignes droites (fig. 1), s'appellent *polygones*. Ces lignes droites sont les *côtés* du polygone. On appelle *triangle*, *quadrilatère*, *pentagone*, *hexagone*, etc., le polygone de trois , de quatre , de cinq, de six , etc. , côtés.

Dans le tracé des figures, on désigne une ligne droite par deux lettres, et l'on dit (fig. 1), la droite EF. On désigne un angle par trois lettres, et l'on dit (fig. 1), l'angle BAC, ou simplement l'angle A ; les droites AB , AC sont les *côtés* de l'angle ; le point A, rencontre des côtés, est le *sommet* de l'angle.

13. Le principe général des démonstrations de la géométrie est, comme pour toute science , l'égalité, prouvée pour certains des objets dont elle s'occupe. On dit que *deux objets géométriques , angles , lignes , surfaces , volumes , sont égaux , lorsque ces objets disposés convenablement, se superposent, ou se pénètrent réciproquement*, de manière qu'aux yeux de l'esprit, ils ne sont plus qu'un seul et même objet. Voici une application de ce genre de démonstration :

THÉORÈME. Fig. 10.

14. *Deux triangles* ABC, A'B'C' *qui ont un angle égal* A=A' *compris entre deux côtés égaux* AB=A'B', AC=A'C' *chacun à chacun ,* — *sont égaux.*

THÉORÈME.   Fig. 10.

Deux triangles ABC, A′B′C′ *qui ont un côté égal*
BC＝B′C′ *compris entre deux angles égaux* B＝B′, C＝C′
chacun à chacun, — *sont égaux.*

Nous démontrerons seulement la première de ces deux
vérités ; la deuxième se démontre d'une manière analogue ; les élèves s'exerceront à faire eux-mêmes la démonstration.

Je transporte le triangle A′B′C′ sur le triangle ABC, de
manière que le point A′ tombe sur A , et le point B′ en B,
ce qui est possible, parce que les côtés A′B′, AB sont
égaux. Cela étant, à cause de l'égalité des angles
A′, A , le côté A′C prendra la direction AC, et le point C′
tombera en C. Les deux triangles coïncideront. Donc ils
sont égaux.

Dans l'école, après cette conclusion, donc ils sont
égaux, on a l'habitude de répéter l'énoncé du théorème, en disant, donc quand deux triangles ont un
angle égal compris entre côtés égaux chacun à chacun,
ils sont égaux. Cette habitude peut avoir son bon côté ;
nous ne prescrirons pas de l'abandonner, mais nous
nous abstiendrons de cette répétition , qui nous paraît
au moins inutile dans un livre.

DE LA CIRCONFÉRENCE ET DE LA MESURE DES ANGLES AU CENTRE.

*Mesurer un angle donné , c'est , étant choisi un angle
pour unité , trouver le nombre qui exprime de combien*

*d'angles unités et de parties égales de cet angle unité,
se compose l'angle donné.* Cette recherche se fait à l'aide
d'une ligne courbe, qu'on appelle *circonférence*, et que
nous devons faire connaître d'abord.

15. *La* circonférence (fig. 5), *est une courbe dont
tous les points* A, B, D *sont également distans d'un point*
C, *qu'on appelle centre.*

Dans le dessin géométrique, on décrit cette ligne avec
un compas, en fixant l'une des pointes au centre ; l'autre
glisse sur la feuille de dessin, en tournant autour de
la première. Les distances égales CA, CB, CG s'appellent *rayons*. Les lignes ACA', BCB', qui passent par le
centre, sont toutes égales à deux rayons, on les appelle
diamètres.

Si l'on imagine que les deux parties de la circonférence, soient repliées l'une sur l'autre suivant un diamètre, elles devront coïncider, à cause de l'égalité de distances de leurs points au centre. Une portion AD de la
circonférence s'appelle *arc* ; la portion AD d'une ligne
droite EF qui passe par les extrémités de cet arc, s'appelle *corde.*

Si l'on fait tourner la ligne EF autour du point A de la
circonférence de manière à lui faire prendre successivement les positions E'F', E"F", etc., les cordes et les arcs
correspondans diminueront, jusqu'au moment où ils se
réduiront à une étendue nulle. La ligne *ef* qui est la
position limite, pour laquelle cela arrive, n'a donc qu'un
point de commun avec la circonférence ; on l'appelle
tangente. Le point A s'appelle *point de contact.*

Ces notions préliminaires établies, soit un angle ACA'
(fig. 6). Supposons d'abord que le côté CA' soit ramené

sur le côté ac ; puis faisons tourner ce côté, de manière à faire prendre à l'angle aca' successivement toutes les grandeurs, jusqu'à ce qu'ayant accompli sa rotation complète, le côté revienne à la position ac, d'où il est parti. Dans ce mouvement, tous les points du côté mobile auront décrit des circonférences concentriques $AA'A''$, $aa'a''$, $\alpha\alpha'\alpha''$. Cela posé :

THÉORÈME.   Fig. 6.

16. *Si deux angles au centre* aca', a'ca'' *sont égaux, les arcs correspondans* AA', $A'A''$; aa', $a'a''$, $\alpha\alpha'$; $\alpha'\alpha''$ *dans toutes les circonférences, seront égaux.*

C'est ce qu'on verra en pliant toutes les circonférences suivant le diamètre a'ck, et faisant ainsi coïncider les demi-circonférences inférieures avec leurs correspondantes supérieures.

THÉORÈMES.

Réciproquement. *Si deux arcs* a'a, a'a'' *de la même circonférence sont égaux,* — *les angles au centre correspondans* aca, a'ca'' *seront égaux.*

Cela se prouvera par le même moyen. On doit ajouter que les arcs $a'a$, $a'a''$; $\alpha'\alpha$, $\alpha'\alpha''$ formés sur les autres circonférences par les côtés ca' ca ca'', seront égaux chacun à chacun. De là il résulte que,

1° *Si l'on partage une circonférence en un certain nombre de parties égales, toute autre circonférence pourra être partagée en le même nombre de parties*

*égales, de sorte que les angles au centre correspon-
dans à ces parties dans toutes les circonférences,
seront égaux.*

THÉORÈME. Fig. 7.

17. 2° *La mesure d'un angle au centre — est égale
à la mesure de l'arc embrassé par ses côtés, ou,*
comme on a l'habitude de dire, *est l'arc embrassé par
ses côtés.*

En effet, soit à mesurer l'angle c avec l'angle u, pris
pour unité. Des points c, u, comme centre et avec
un même rayon, décrivez deux circonférences; soit c,
u les arcs embrassés par les angles c, u. Si l'arc c se compose de 4 fois u, plus $\frac{3}{5}$ de u, l'angle c se composera de
4 fois u, plus $\frac{3}{5}$ de v. *Si donc on adopte u pour unité
d'arc*, l'angle c aura la même *mesure* que l'arc c.

DES ANGLES FORMÉS PAR DEUX DROITES QUI SE RENCONTRENT.

THÉORÈME. Fig. 8.

18. *Lorsque deux lignes droites* AB DF, *se traversent, les angles* DCA, FCB *opposés au sommet, — sont
égaux.*

Imaginez une circonférence décrite du sommet c des
quatre angles. Les deux arcs FB, DA embrassés par deux
angles opposés au sommet, sont égaux; car il suffirait
d'ajouter à chacun d'eux l'arc BD, pour compléter des
demi-circonférences. Donc les angles DCA, FCB sont égaux.

Les deux angles DCD, ECA, formés par une droite

CD qui en rencontre une autre BA , sont dits *angles adja-
eens*. Si la ligne CD se redresse en CD' de manière que les
angles adjacens BCD' , D'CA *soient égaux* , on les appelle
droits , et la ligne CD' est dite *perpendiculaire* à BA.

THÉORÈME.

19. *Les angles droits* de toutes les figures quelles
qu'elles soient, *sont tous égaux entre eux*, car ils ont
tous pour mesure le quart d'une circonférence.

On appelle *aigu* un angle plus petit que l'angle droit,
obtus un angle plus grand qu'un droit.

THÉORÈME.

20. *La somme de deux angles adjacens* a la même
mesure que deux angles droits. On dit qu'elle *vaut deux
angles droits*. L'un des angles s'appelle *supplément* de
l'autre.

*La somme de tous les angles formés autour d'un point
— vaut quatre angles droits.*

DES PERPENDICULAIRES ET DES OBLIQUES.

THÉORÈME. Fig. 8.

21. *En un point* C *d'une droite* AB — *on ne peut
élever deux perpendiculaires* CD' CD *à cette droite:*
car il faudrait que les angles ACD' ACD fussent égaux ,
ce qui est impossible.

THÉORÈME.   Fig. 8.

D'un point o' hors de la droite BA, — *on ne peut abaisser deux perpendiculaires* o'c, o'c' *sur cette droite.*

Car, faisons glisser la figure o'c'BA sur la figure o'cBA, en tirant BA dans le sens de sa direction, jusqu'à ce que le point c' vienne au point c; le point o' aura marché et viendra en o, de manière que la nouvelle position oc de la ligne o'c', sera différente de la position de la ligne oc'. Mais l'angle o'c'A de la première figure n'ayant pas changé de grandeur dans ce mouvement, il faudra, si deux perpendiculaires sont possibles, que co soit perpendiculaire à BA, aussi bien que co', ce qui est impossible.

THÉORÈMES.   Fig. 9.

22. Soit la ligne ED perpendiculaire en P à la ligne AB, prenez PG$=$PH et PE$=$PD. En pliant la figure selon ED, on prouvera par la coïncidence que DG$=$EG, et que par conséquent PD, moitié de DE, est plus petit que DG, moitié de DGE.

La même coïncidence prouve que DG$=$DH, et que EG$=$EH. De là on conclura que:

1° *La perpendiculaire* DP *est plus courte que toute oblique.*

2° *Les obliques qui s'écartent également du pied de la perpendiculaire sont égales.*

3° *Une perpendiculaire* ED *élevée au milieu d'une droite* GH, *a tous ses points également distans des extrémités de cette droite.*

2

4° *Tout point* ᴘ *hors de la perpendiculaire est iné-galement distant des extrémités de la droite* ᴄʜ.

Car en menant l'oblique ᴄᴅ qui passe par le point ᴘ, et l'oblique égale ᴅʜ, la longueur ᴄᴅᴘ composée des mêmes élémens que la longueur brisée ʜᴅᴘ, est plus grande que la longueur ᴘʜ.

23. Cᴏʀᴏʟʟᴀɪʀᴇ. *Le centre d'une circonférence, le milieu d'une corde et le milieu de l'arc de cette corde, sont en ligne droite,* car ces points sont sur la perpendiculaire élevée au milieu de la corde.

Les lignes qui vont du point ᴅ en un point de la ligne ᴀʙ, croissent par degrés insensibles depuis la perpendiculaire, la plus petite de toutes, jusqu'à la parallèle dont la longueur est infinie. On dit que

Les obliques qui s'écartent le plus du pied de la pendiculaire sont les plus longues.

Exercice.

Dans un triangle *isocèle*, *c'est-à-dire qui a deux côtés égaux*, la perpendiculaire abaissée du sommet sur la base, partage cette base, ainsi que l'angle du sommet, en deux parties égales. Les angles opposés aux côtés égaux sont égaux.

La forme que nous avons donnée à la démonstration des quatre théorèmes ci-dessus, est appropriée à la rédaction d'un livre. Mais dans l'étude, comme dans la démonstration orale, il faut savoir distinguer entre les constructions et les raisonnemens, de manière à ne faire et à ne dire, lorsqu'on a en vue telle des quatre vérités, que ce qui s'applique spécialement à cette vérité. Nous devons insister sur cette observation ; la pratique de l'enseignement nous ayant appris, que les élèves suivent souvent avec trop de servilité les livres qu'ils ont aux mains.

24. COROLLAIRE. *Le rayon mené au point de contact d'une tangente à la circonférence, est perpendiculaire à cette tangente*, car ce rayon est la plus courte ligne qu'on puisse mener du centre sur la tangente.

THÉORÈME. FIG. 10.

25. *Deux triangles* ABC, A'B'C' *qui ont les trois côtés égaux chacun à chacun ,* — *sont égaux.*

Disposez le triangle A'B'C', au dessous de ABC, de manière que les côtés BC, B'C' coïncident, et que les côtés égaux BA B'A' aient les points B, B' communs. Joignez le point A au point A'. Les points B et C étant également éloignés des extrémités A, A' de la droite AA', il faut que la ligne BC soit perpendiculaire au milieu de AA'. Cela posé, faites tourner A'BC autour de BC, il coïncidera avec ABC. Donc les deux triangles sont égaux.

PROPRIÉTÉS DE LA CIRCONFÉRENCE.

THÉORÈME. Fig. 11.

26. *Dans le même cercle ou dans les cercles égaux, quand les arcs* AOB, DPE *sont égaux,* — *les cordes* AB, DE *qui les soutendent, sont égales.* Réciproquement *quand deux cordes sont égales* — *les arcs soutendus sont égaux.*

Prenez le point M milieu de l'arc AMD ; menez le diamètre MG et pliez la figure selon ce diamètre. Dans le premier cas la coïncidence des arcs entraîne l'égalité des cordes. Dans le second cas joignez A,B,D,E au centre C. Les deux triangles ACB DCE sont égaux ; donc les angles ACB DCF sont égaux ; dans la superposition indiquée ils coïncideront. Donc les arcs AOB, DPE coïncideront aussi. De là on déduit la construction suivante.

PROBLÈME.   Fig. 12.

27. *En un point donné* A *d'une droite* AB *faire un angle égal à un angle donné* D.

Il faut que l'angle à construire ait la même mesure que l'angle donné. Ayant décrit des points D et A comme centre des arcs de cercle de même rayon, on ouvrira le compas selon la grandeur de la corde FG de l'arc qu'embrasse l'angle donné ; puis ayant marqué à partir de B, avec l'ouverture du compas, un arc égal à l'arc FG, on oint le point A avec l'extrémité E de cet arc.

Exercices.

28. 1° Étant donné un angle, construire son supplément.

2° Si deux angles supplémens l'un de l'autre, coïncident par un de leurs côtés, leur ouverture étant tournée en sens contraire, les deux autres côtés de ces angles sont nécessairement prolongement l'un de l'autre

THÉORÈME.   Fig. 11.

29. *Dans le même cercle ou dans des cercles égaux,*

quand deux cordes AB, DE *sont égales, —elles s'écartent également du centre.* Réciproquement *si les distances au centre* CG, CH *de deux cordes, sont égales, — les cordes sont égales.*

Ces deux vérités résultent de l'égalité des deux triangles rectangles AGC, DHC qui ont dans les deux cas l'hypothénuse égale et un côté égal. Cette égalité de triangles rectangles, se déduit par la superposition, d'une manière très facile, des vérités sur les perpendiculaires et les obliques.

REMARQUE. La démonstration de la vérité précédente est indiquée suffisamment, pour que l'élève la développe lui-même. Il nous arrivera souvent, dans les questions faciles, de suivre cette méthode qui consiste à ne pas trop se défier de l'intelligence des jeunes gens. C'est ainsi en effet qu'on activera et qu'on fortifiera cette intelligence, que des habitudes trop timides d'enseignement laissent dans un engourdissement, dont se plaignent tous ceux qui sont chargés de faire subir des examens oraux. Je profite de cette occasion, pour prévenir le reproche qu'on pourrait me faire d'être entré assez avant dans la géométrie plane, sans avoir donné presque aucune notion d'arithmétique. La géométrie offre des images aux yeux, elle s'adresse à l'imagination souvent autant qu'à la logique ; c'est une science moins abstraite que celle des nombres, et que les jeunes gens abordent plus volontiers et saisissent plus vite que l'arithmétique. Elle me paraît être une initiation meilleure que toute autre à la logique mathématique.

PROPRIÉTÉS DES PARALLÈLES.

AXIOME.   Fig. 2.

30. *Deux parallèles* AB, CD, *traversées par une droite* EF *qu'on appelle* sécante, — *s'inclinent également sur cette droite, de sorte que l'angle* EGB *égale l'angle* EHD.

Les quatre angles aigus de la figure sont égaux entre eux, ainsi que les quatre angles obtus. Ces angles accouplés deux à deux et pris l'un au point G, l'autre au point H, s'appellent *alternes* quand ils sont l'un d'un côté de la sécante, l'autre de l'autre. On les appelle *intérieurs* ou *internes*, quand leur ouverture est tournée dans les parallèles; *extérieures* ou *externes*, quand leur ouverture est tournée hors des parallèles. De ces dénominations et de ce qui vient d'être dit il résulte que

THÉORÈMES.

Les angles alternes internes AGH, GHD, *ainsi que* EGH, GHC, — *sont égaux.*

Les angles alternes externes, EGB, CHF, *ainsi que* EGA, FHD, — *sont égaux.*

Les angles intérieurs d'un même côté, EGB, GHD, *ainsi que* BGH, DHF, — *sont égaux.*

La somme des angles intérieurs d'un même côté BGH, GHD, *ainsi que* AGH, GHC, — *vaut deux droits.*

Réciproquement, lorsque deux droites AB, CD, *étant rencontrées par une sécante* EF, *l'une des égalités ci-dessus a lieu, — les droites sont parallèles.*

En effet, de l'une quelconque de ces égalités, on re-

monte à l'égalité des angles correspondans EGB, GHD.
D'où il résulte que la ligne AM se confond nécessairement avec la parallèle menée à CD par le point G, puisque cette parallèle doit faire avec EF un angle égal à
GHD, et qui ne saurait être par conséquent que EGB.

CoROLLAIRE. *Lorsque deux angles* MNP, M'N'P' *ont
les côtés parallèles et l'ouverture dirigée dans le
même sens,* — *ces angles sont égaux.* Car en prolongeant P'N' jusques en N", on voit qu'ils sont l'un et
l'autre égaux à MN"P'.

Exercice.

31. Deux parallèles sont partout également distantes.
On prouve par l'égalité des triangles que deux perpendiculaires quelconques entre ces parallèles, sont égales.

THÉORÈME. Fig. 13.

32. *Deux parallèles* AB, ED, — *interceptent sur la*
circonférence C, *des arcs* BOD, APE, *égaux.*
Abaissez du centre C une perpendiculaire sur l'une
des parallèles, elle sera perpendiculaire à l'autre et passera au milieu G des deux arcs EAGBD, AGB (23). Il résulte de là que l'arc BOD égale l'arc APE. Si l'une des
parallèles A'B' était tangente en G, en joignant le centre
avec G on aurait une perpendiculaire sur la tangente
A'B' et par conséquent sur sa parallèle ED; donc le
point G serait le milieu de l'arc EGD; donc arc EG = DG.
Si la seconde parallèle était aussi tangente, on prouverait que les deux arcs interceptés sont des demi-circonférences.

MESURE DES ANGLES EXCENTRIQUES.

THÉORÈMES. Fig. 14.

33. *L'angle formé par deux cordes ou par une corde et une tangente* AB, AD *qui se coupent sur la circonférence, s'appelle angle inscrit.* — *Il a pour mesure la moitié de l'arc embrassé entre ses côtés.*

Par le centre o, menez aux deux côtés de l'angle inscrit les parallèles *dd' ee'*. L'arc *ed* mesure l'angle au centre o ; il mesure donc aussi l'angle inscrit qui lui est égal. Or à cause de l'égalité des arcs interceptés entre les parallèles, l'arc *ed* est la moitié de l'arc BD.

L'angle DAE (fig. 15), *formé par deux cordes qui se coupent dans la circonférence, a pour mesure la moitié de l'arc* DE *compris entre ses côtés, plus la moitié de l'arc* BC *compris entre ses côtés prolongés.*

L'angle DAE (fig. 16), *formé par deux sécautes qui se coupent hors de la circonférence,* — *a pour mesure la moitié de l'arc concave* DE, *diminué de la moitié de l'arc convexe* BC *compris entre ses côtés.*

Menez par le point c la corde CE' parallèle à AB. La mesure de l'angle inscrit c est la moitié de l'arc DE', égal dans le premier cas à la somme des arcs DE, EE', dans le second, à la différence DE' des arcs DE, BC. Cet arc est donc aussi la mesure de l'angle DAE qui est l'égal de c.

Chacun des théorèmes précédens sur la mesure des angles, a sa réciproque. Nous indiquerons pour un seul, comment on les vérifie.

THÉORÈME.

*Tout angle qui a pour mesure la moitié de l'arc con-
cave compris entre ses côtés, est un angle inscrit.* Car
s'il n'était pas inscrit, ce ne serait pas l'arc énoncé qui
pourrait lui servir de mesure. Si par exemple c'était un
angle formé par deux sécantes, ce serait la moitié de
l'arc énoncé diminué de la moitié d'un autre arc qui
le mesurerait. On prouverait de la même manière que
l'angle ne peut avoir aucune autre manière d'être, rela-
tivement à la circonférence, si ce n'est d'être inscrit.

Exercices.

34. 1° Lorsque les côtés d'un angle droit sont tangens
à une circonférence, que vaut l'arc concave par rapport
à la circonférence ?

2° Que vaut l'arc quand l'angle vaut la moitié d'un
angle droit ?

3° Construire une perpendiculaire en un point d'une
ligne, par la considération que l'angle inscrit dans une
demi-circonférence est droit.

4° Comment, d'après le même principe et avec l'aide
d'un cordeau, abaisserait-on d'un point hors d'une
droite tracée sur le terrain, une perpendiculaire sur
cette droite ?

Une partie des notions de géométrie qu'on vient de
donner, étaient nécessaires à l'intelligence du tableau
suivant ; cependant certaines applications numériques
dont il fournit le sujet, exigent des connaissances qui ne
seront données que plus tard.

§ II.

TABLEAU COMPARATIF.

35. DES MESURES NOUVELLES (système métrique) ET DES MESURES FRANÇAISES ANCIENNES.

(26)

MESURES NOUVELLES.		MESURES FRANÇAISES ANCIENNES.	
De longueur.		*De longueur.*	
Mètre (*unité fondamentale*).	$\frac{1}{10\ 000\ 000}$ du quart du méridien terrestre.	Toise.	6 pieds = 1$^\text{m}$, 94904.
Décimètre.		Pied.	12 pouces.
Centimètre.		Pouce.	12 lignes.
Millimètre.		Ligne.	12 points.
		Aune.	3 pieds 7 pouces 10 lignes 10 points.
Itinéraires.		*Itinéraires.*	
Myriamètre.		Lieue.	2280 toises.
Kilomètre.			
Décamètre.			
Agraires.		*Agraires.*	
Hectare.		Arpent.	100 perches = 0$^\text{hec}$, 5107.
Are (*carré de 10 m. de côté*).		Perche.	Carré de 22 pieds de côté.
Centiare.			
De capacité pour les liquides.		*De capacité pour les liquides.*	
Décalitre.		Muid.	288 pintes (bouteilles).
Litre (*cube de 1 décimètre de côté*).		Velte.	8 pintes.
Décilitre.		Pinte ou *bouteille*.	0l, 8130.

De capacité pour les matières sèches.

Kilolitre.
Hectolitre.
Décalitre.
Litre.

De solidité.

Stère (*cube de 1 mètre de côté*).
Décistère.

De poids.

Millier.
Quintal.
Kilogramme.
Hectogramme decagramme.
Gramme (*poids du centimètre cube d'eau distillée, ramenée au maximum de densité.*
Décigramme.

|1000 kilogrammes
|100 kilogrammes.

Monétaires.

Franc (*alliage de 4 1/2 gr. d'argent et 1/2 gr. de cuivre*).
Décime.
Centime.

|1/10 de franc.
|1/100 de franc.

Angulaires.

Quadrans.
Grades.
Minute.

|100 degrés.
|100 minutes.
|100 secondes.

De capacité pour les matières sèches.

Setier.
Boisseau.
Litron.

|12 boisseaux.
|16 litrons.
|o¹, 843o.

De solidité.

Corde (*bois de chauff.*)|3ˢᵗ, 8391.
Solive (*bois de charp.*)|o , 10283.

De poids.

Livre.
Once.
Gros.

|16 onces $=$ oᵏ, 43951.
|8 gros.
|72 grains.

Monétaires.

Livre-tournois.
Sol.
Liard.

|2o sols $=$ 0ᶠ, 987654.
|4 liards.
|3 deniers.

Angulaires.

Degré.
Minutes.

|6o minutes $=$ 16/9 grades.
|6o secondes.

Remarquez les caractères du système des nouvelles mesures :

Les unités de diverses natures dépendent toutes d'une seule, le mètre.

Le mètre est pris dans ce qui est le plus invariable pour nous, la mesure de la terre.

Dans chaque nature d'unité, les multiples et les subdivisions de cette unité suivent le système décimal, le même que celui de la numération.

Les mots *déca, hecto, kilo, myria, déci, centi, milli* mis devant l'unité principale de chaque espèce, expriment les multiples et sous-multiples de cette unité; ils se traduisent : dix, cent, mille, dix mille; dixième, centième, millième.

CHAPITRE III.

ADDITION ET SOUSTRACTION ARITHMÉTIQUE ET ALGÉBRIQUE. VALEURS DES ANGLES DES POLYGONES. PROPRIÉTÉS DES PARALLÉLOGRAMMES, CONSTRUCTIONS A LA RÈGLE ET AU COMPAS.

ADDITION.

36. *L'addition* a pour objet d'exprimer par un seul nombre la réunion de toutes les unités, ou de toutes les parties égales d'unité renfermées dans plusieurs nombres. Le signe de l'addition est $+$; il se prononce *plus;* il s'interpose comme indication entre les nombres à ajouter.

Pour rendre l'opération facile, on la décompose en plusieurs autres en ajoutant les unités avec les unités, les dizaines avec les dizaines, les centaines avec les centaines, etc.; de même que les dixièmes avec les dixièmes, les centièmes avec les centièmes, etc.

Exemples.

$$
\begin{array}{r}
29 \\
180 \\
16 \\
9 \\
\hline
234
\end{array}
\qquad
\begin{array}{r}
2,9 \\
18 \\
1,6 \\
0,9 \\
\hline
23,4
\end{array}
$$

$$\frac{27}{234} + \frac{180}{234} + \frac{16}{234} + \frac{9}{234} = \frac{234}{234} = 1$$

Dans les deux premiers exemples, lorsqu'on a ajouté la première colonne $7 + 0 + 6 + 9$, on trouve 24 unités, dixièmes, qui renferment 4 unités dixièmes et 2 dizaines. unités.

On écrit les 4 unités dixièmes sous la colonne des unités dixièmes et les 2 dizaines, unités, on les réunit avec la colonne des dizaines. unités.

On ajoute de la même manière les nombres composant les diverses colonnes des dizaines, centaines, mille, etc. Le résultat de l'addition s'appelle *somme* ou *total*.

Dans le troisième exemple, la somme exprimant des parties de même grandeur que les fractions qui la forment, doit avoir le même dénominateur que ces fractions.

Exercices.

37. 1° Quel inconvénient y aurait-il à faire l'addition des nombres entiers en commençant par la gauche?

2° En l'année 1828, la population de l'Europe était évaluée à 170,000,000 d'habitans; celle de l'Asie à 333,000,000; celle de l'Afrique à 70,000,000; et celle de l'Amérique à 35,500,000 : à combien s'élevait la population du globe?

3° Combien l'empire romain a-t-il duré depuis sa fondation jusqu'en l'an 800, époque où Charlemagne fut couronné à Rome, empereur d'Occident, par le pape Léon III; sachant que Rome a subsisté sous sept rois pendant 244 ans; sous les consuls pendant 446 ans, jusqu'au règne d'Auguste; sous cinquante-sept empe-

reurs pendant 519 ans , depuis Auguste jusqu'à Augus-
tule , dépossédé par Odoacre , roi des Hérules ; sous ce
dernier et sous huit rois des Ostrogoths pendant 92 ; et
enfin sous vingt-deux rois lombards pendant 206 ans?

4° Les contributions directes de France ont été , en
l'année 1818 , de 361,097,975 francs ; en 1819 de
342,000,000 ; en 1820 de 341,900,000 ; et en 1821 de
327,000,000 : à quelle somme se sont-elles élevées dans
ces quatre années ?

SOUSTRACTION.

38. Dans la *soustraction* , on se propose d'ôter d'un
nombre, toutes les unités ou parties d'unités contenues
dans un autre. Le résultat de l'opération s'appelle *excès*,
reste ou *différence*. Le signe de la soustraction est — ;
il se prononce *moins* ; il se place entre les deux nombres
soumis à l'opération.

Pour soustraire un nombre d'un autre , les chiffres qui
composent ces nombres étant entiers ou décimaux , il n'y
a qu'à faire des soustractions partielles, entre les chiffres
qui expriment des unités ou des décimales de même espèce.

Exemple : $\qquad$ 3459,6537
$\qquad\qquad\quad$ 1226,432

$\qquad\qquad\quad$ 2233,2217

S'il arrive qu'un certain chiffre 5 du nombre le plus
grand , soit plus petit que le chiffre correspondant 8 du

nombre le plus petit, comme dans l'exemple suivant :

$$3459,6537$$
$$1276,482$$

la soustraction totale n'en est pas moins possible : pour exécuter la soustraction partielle actuellement impossible, on accroît le chiffre 5 de dix unités de son espèce aux dépens du chiffre 6 qui le précède, et l'on dit : 8 *ôtés de 15, il reste 7*. Dans la soustraction partielle suivante, le chiffre 6 ne compte plus que pour 5. Tout se réduit, comme on voit, à un simple déplacement d'unités sur les chiffres 5 et 6 du nombre le plus grand.

Si le chiffre trop faible du nombre le plus fort, était suivi à gauche d'un ou plusieurs zéros, comme dans l'exemple suivant :

$$3450,0537$$
$$1276,482$$

le déversement d'unités sur le chiffre trop faible, se ferait aux dépens du premier chiffre significatif précédent qui est ici 5 ; l'unité *empruntée* à ce chiffre, se répartirait sur les zéros intermédiaires et sur le chiffre trop faible ; chacun des zéros intermédiaires se trouverait accru de 9 unités de son espèce, et le chiffre trop faible de 10 unités de la sienne. On verra facilement qu'après cette répartition, l'unité empruntée sera complétement employée.

La soustraction des fractions ordinaires, se fait sur les numérateurs qui expriment les parties égales d'unités dont se composent les fractions. On met au reste obtenu le dénominateur des fractions.

Exemple : $\dfrac{7}{11} - \dfrac{2}{11} = \dfrac{5}{11}$

Si l'on devait opérer sur des entiers accompagnés de fractions, il pourrait arriver que la fraction jointe au plus petit nombre se trouvât la plus grande.

Exemple : $\left(3 + \dfrac{2}{11} \right) - \left(1 + \dfrac{7}{11} \right)$

On emprunterait une unité au 3, et le numérateur 2 se trouverait accru de 11, puisque l'unité vaut $\frac{11}{11}$.

$$\left(3 + \dfrac{2}{11} \right) - \left(+ \dfrac{7}{11} \right) = 2 + \dfrac{6}{11}$$

Exercices.

1° Y aurait-il toujours des inconvéniens à commencer la soustraction des nombres entiers par la gauche ?

2° En 1819, il y a eu à Paris 24,344 naissances et 22,671 décès : quel accroissement de population cette ville a-t-elle reçu ?

3° Jean Guttemberg, habitant de Mayence, inventa l'imprimerie en 1440; et Thomas Maso, orfèvre de Florence, la gravure sur cuivre, en 1480 : de combien d'années l'une de ces découvertes a-t-elle précédé l'autre ?

4° L'illustre mathématicien Descartes est mort en 1650; il a vécu 54 ans : en quelle année est-il né ?

5° C'est en 1672 que le télescope de Newton a été exécuté, il y avait alors 372 ans que les lunettes à lire étaient connues : en quelle année celles-ci ont-elles paru ?

6° Les distances des planètes au soleil sont exprimées en myriamètres comme il suit : la Terre, 15,287,873 ; Mercure, 5,917,938 ; Vénus, 11,058,215 ; Mars, 23,294,021 ; Cérès, 42,435,000 ; Pallas, 42,435,000 ; Junon, 40,897,070 ; Vesta, 36,386,000 ; Jupiter, 79,511,907 ; Saturne, 145,836,700 ; Uranus, 291,720,130 : de combien diffèrent leurs distances respectives au soleil ?

7° La boussole a été employée en France en 1260 ; les lunettes de navigation ont été connues en 1590 ; le thermomètre, en 1600 ; le microscope composé, en 1621 ; le baromètre, en 1643 ; le télescope de Grégory, en 1663 ; le télescope de Newton, en 1672 ; les lunettes achromatiques, en 1758 ; le cercle répétiteur astronomique de Borda, en 1786 : de combien ces inventions se sont-elles précédées les unes les autres ?

8° Dans l'année 1837, les saisons ont commencé ainsi qu'il suit :

Printemps	20 mars	7 h. 33'	soir.
Été	21 juin	4 h. 47'	soir.
Automne	23 septembre	6 h. 42'	matin.
Hiver	22 décembre	0 h. 0'	matin.

Quelle a été la durée de chaque saison ?

9° La comète de 1835 a été 76 ans invisible : quelle est l'année de son apparition immédiatement antérieure à 1835 ?

10° Les degrés de latitude ne sont point égaux entre eux : le premier vaut 56,734 toises, et le dernier 57,308 : quelle est l'augmentation de l'équateur au pôle ?

11° Une feuille de papier fournit 8 pages d'impression format in-4°, 16 in-8°, 24 in-12, 32 in-16, 36 in-18. Combien une rame composée de 500 feuilles fournira-t-elle de pages d'impression de chacun de ces formats ?

§ II.

ADDITION ET SOUSTRACTION ALGÉBRIQUE.

33. Déjà plusieurs fois nous nous sommes servi de signes, pour indiquer les opérations sur les nombres. On emploie aussi des signes pour exprimer les nombres ; ces signes sont les lettres de l'alphabet. A mesure que nous allons avancer, on reconnaîtra les avantages de cet emploi, auquel est due la perfection de la science mathématique. Les efforts des plus beaux génies de l'antiquité privés du secours des signes, et par conséquent de la puissance qui ressort des combinaisons qui en sont la conséquence, n'ont pu faire sortir la science de l'enfance où elle est restée si long-temps. C'est dans l'emploi des signes pour représenter les nombres et les opérations pratiquées sur eux, et dans les combinaisons qui résultent de cet emploi que consiste l'*Algèbre*.

Supposons qu'une suite de nombres représentés par les lettres a, b, c, d, soient liés entre eux par addition et soustraction, de la manière suivante.

$$a + b - c + d.$$

Chacune des quantités a, b, c, d, considérée par rapport à l'ensemble, s'appelle un *monome* ou un *terme*. La quantité représentée par l'ensemble s'appelle un *polynome*.

S'il faut indiquer que le polynome $(a+b-c+d)$, doit être ajouté à la quantité A, on écrira d'abord.

$$(1) \quad A + \left(a + b - c + d \right)$$

Et s'il faut indiquer que ce polynome doit être retranché de A, on écrira d'abord.

$$(2) \quad A - \left(a + b - c + d \right)$$

La parenthèse indique, que l'opération d'addition et de soustraction porte sur toutes les unités et parties d'unités dont se compose le polynome; elle permet l'indication sommaire de l'opération projetée entre A et le polynome. Mais il y a des transformations de cette indication qu'on appelle *addition et soustraction algébrique.*

ADDITION ALGÉBRIQUE.

34. Le résultat doit représenter la totalité des unités renfermées dans A et dans $a+b-c+d$; donc il renfermera les unités de A, de a, de b, de d, diminuées des unités de c; il sera donc $A + a + b + d - c$ ou bien.

$$(3) \quad A + a + b - c + d.$$

SOUSTRACTION ALGÉBRIQUE.

Le résultat doit représenter l'excès des unités de A sur les unités de $a + b - c + d$. Il faudra donc retrancher de A, les unités de a, b, d; mais la diminution sera trop forte de toutes les unités de c, puisque le polynome $a + b - c + d$ est moins grand que $a + b + d$, de toutes les unités de c. Donc après avoir écrit $A - b - c - d$, il faudra joindre $+ c$ et écrire $A - a - b - d + c$, ou bien

$$(4) \quad A - a - b + c - d$$

En comparant (1) et (2) avec (3) et (4) on voit que:

Pour $\begin{matrix}\textit{ajouter}\\\textit{retrancher}\end{matrix}$ *un polynome* $\begin{matrix}\textit{à une}\\\textit{d'une}\end{matrix}$ *quantité, il faut écrire le polynome à la suite de cette quantité, en* $\begin{matrix}\textit{conservant}\\\textit{changeant}\end{matrix}$ *les signes des termes de ce polynome.*

Le caractère des résultats (3) et (4), c'est qu'ils représentent une suite d'opérations indiquées sur des monomes isolés ; tandis que les indications (1) et (2) représentent une opération indiquée entre deux ensembles, dont l'un est A et l'autre $(a + b - c + d)$.

Il est souvent utile de revenir de résultats comme (3) et (4) à des indications correspondantes comme (1) et (2), en voici un exemple :

$$(5) \quad A + b - c + d + f - g = A + (b - c + d + f - g)$$
$$= A + b - (c - d - f + g) = A + b - c + (d + f - g)$$

Il sera bon dans (1), (2), (3), (4), (5), de donner des valeurs numériques entières ou fractionnaires aux lettres A, a, b, c, d, e, f, g. Pour faire vérifier aux élèves que les valeurs arithmétiques de 1 et 2, sont les mêmes que les valeurs arithmétiques de 3 et 4 ; et aussi que les valeurs arithmétiques de tous les polynomes de la ligne 5, sont égales.

Il faut faire faire aux élèves des exemples nombreux et journaliers de la pratique des deux règles arithmétiques et algébriques ci-dessus, comme de celles qui suivront ; l'habileté dans le calcul étant d'une grande importance pour les progrès des élèves, même en ce qui touche les études et les recherches théoriques. Je me contente de donner quelques questions qui présenteront des applications de ces calculs.

Exercices.

1° Hipparque jeta les premiers fondemens d'une astronomie méthodique 147 ans avant J.-C. Le système de Copernic fut publié en 1543 : Quel intervalle s'est écoulé entre ces deux créations ?

2° Un commissionnaire expédie par le roulage des marchandises d'un poids de   4852 kil. 25
Le poids de l'emballage est de   247   75

Quel prix paiera-t-il à l'entreprise du roulage, sachant que pour la route parcourue, les cent kilo se paient 3 francs ?

3° Un marchand a vendu au détail, dans le courant de son année, des marchandises qui lui coûtent,

prix de fabrique,	25642 fr. 50 c. = m.

Il paie annuellement pour son loyer et sa patente . 825 fr. 75 c. = l.

L'éclairage et le chauffage de sa boutique montent par an à 234 fr. 20 c. = c.

Les réparations annuelles se comptent pour 75 fr. 35 c. = r.

Il lui faut pour vivre et s'entretenir, lui, sa femme et son enfant, 21100 fr. 20 c.

Il doit légitimement mettre de côté par an, ce que lui rapporterait l'argent qu'il emploie dans son commerce, s'il plaçait cet argent à intérêt, 1282 fr. 15 c. = i.

On demande quel prix total il a dû retirer de la vente annuelle ?

4° Héron d'Alexandrie, qui avait des notions sur la puissance de la vapeur, vivait 250 ans avant Jésus-Christ; Watt, fameux ingénieur anglais, a pris sa patente pour les machines à vapeur en l'année 1769.

Combien s'est-il écoulé de temps entre les premiers enseignemens sur la force de la vapeur et son application générale aux machines et aux travaux ?

5° Newton naquit en 1642 ; il mourut en 1727 : combien a-t-il vécu ?

6° La plus grande distance de la terre au soleil est de 35183000 lieues.

La plus courte distance est de 34017200

De combien de lieues nous rapprochons-nous de lui à partir de notre plus grand éloignement?

7° C'est en 1528 qu'on a, pour la première fois, mesuré un arc du méridien.

Les taches du soleil ont été découvertes en 1610;

Les satellites de Saturne en 1655;

La vitesse de la lumière en 1675;

L'aplatissement du globe de la terre en 1744;

Vesta, la dernière petite planète, en 1807.

De combien d'années chacune de ces découvertes a-t-elle précédé celles qui l'ont suivies?

8° Un entrepreneur de maçonnerie, relevant divers mémoires, présente le total de chacun, montant à

Le premier,	27^t	3^{pi}	5^{po}
Le second,	17	4	7
Le troisième,	3	4	4

Sur ces mémoires il lui a été payé le prix de   21^t 4^{pi} 7^{po}

Combien lui doit-on encore de maçonnerie?

9° Création du monde,	4963 ans avant J.-C.
Meurtre d'Abel,	4833 *id*.
Déluge,	1665 du monde.
Vocation d'Abraham,	2296 ans avant J.-C.
Vocation de Moïse,	2513 du monde.
Passage de la mer Rouge,	1645 ans avant J.-C.
Captivité de Babylone,	649 *id*.

On demande d'évaluer chacune de ces époques dans les deux ères, et de dire la distance qui les sépare les unes des autres.

(41)

10. **D'un côté on a des pièces de**

$$40 \text{ f. au nombre de } 5; \text{ poids de l'une } p'$$

Id.   20   *id*   4;   *id.* p

D'un autre côté on a des pièces de

$$5 \text{ f. au nombre de } 2; \text{ poids de l'une } p'''$$

Id.   2   *id.*   1;   *id.* p''

Id.   1   *id.*   2;   *id.* p'

Id.   0 f. 50 c. *id.*   3;   *id.* p

On demande la différence de poids entre les pièces d'une part et celles d'autre part?

35. La solution algébrique de la dixième question s'écrirait comme il suit :

$$5\,p' + 4\,p - \left(2\,p''' + p'' + 2\,p' + 3p\right)$$

Ces nombres 5, 4, 2, 2, 3 qu'on met en avant d'un monome pour exprimer, soit le nombre de fois qu'il est répété, soit même la fraction de ce monome qu'on considère comme s'il y avait $\frac{1}{2}\,p$, s'appelle *coefficient*. Avant de chercher la valeur arithmétique de la solution des questions, on fera toujours écrire aux élèves la solution algébrique, qui n'est que l'écriture abrégée des raisonnemens à faire, pour arriver à la solution arithmétique de cette question. Nous engageons à proposer aux élèves et à leur faire composer eux-mêmes de nombreuses questions, comme application des règles et des théories développées dans l'ouvrage. Nous recommandons, de ne jamais proposer ni admettre de ces questions vides de sens, qui ne représentent aucun phénomène, aucune application quelconque aux réalités de la vie, de la science, des arts, du commerce ou de l'industrie. D'un côté, on ne saurait trop s'appliquer à donner de bonne heure aux jeunes gens, des idées positives de ce qui existe véritablement; et d'un autre côté diriger les applications d'une science vers des connaissances pratiques, c'est doubler le bénéfice de l'enseignement.

§ III.

OPPOSITION DE SITUATION ENTRE LES RÉSULTATS D'OPÉRATIONS GÉOMÉTRIQUES, SELON LA RELATION DE GRANDEUR DES ÉLÉMENS QUI FOURNISSENT CES RÉULTATS.

36. A l'aide de la règle et du compas, il est facile de combiner par addition et soustraction plusieurs lignes droites entre elles, plusieurs arcs de cercles de même rayon entre eux, plusieurs angles entre eux.

PROBLÈME. **Fig. 17.**

Étant donné trois grandeurs A, B, C, *lignes droites ou arcs de cercle de même rayon—trouver la grandeur* A B — C.

1° Soient les longueurs rectilignes A, B, C. Tracez une ligne indéfinie E F; marquez sur cette ligne un point fixe G, et à partir de ce point, portez à la suite l'une de l'autre, à l'aide d'un compas, les longueurs A et B, ce qui donnera la longueur totale G B'. Puis revenant sur vos pas, portez de B' vers G la longueur C : la ligne G C', sera le résultat demandé. Il pourrait arriver que la troisième ligne donnée fût plus grande à elle seule que la somme A + B des deux autres; soit C, cette ligne, le résultat de l'opération graphique serait g' c', longueur qui indique de combien la ligne qu'on aurait voulu retrancher surpasse la somme $A + B$, dont on voulait la retrancher. La possibilité ou l'impossibilité de la soustraction concourt, comme on voit ici, avec la situation géométrique des deux résultats Gc', Gc_{1}', par rapport à l'origine fixe G.

La soustraction pouvant se faire, la longueur résultante est portée, à partir du point fixe G, dans le sens où se sont portées d'abord les lignes additives A et B. La soustraction ne pouvant pas se faire, la longueur résultante de la soustraction, est portée à partir de l'origine fixe G dans le sens opposé.

Cette dernière longueur résultante est égale à ce que la ligne *soustractive* a de plus que la somme des lignes *additives*. Avec des arcs de cercle, on ferait les mêmes constructions, les mêmes raisonnemens, et on arriverait aux mêmes conclusions.

2° Soient les angles A, B, C, ayant pour mesure les arcs a, b, c, et liés entre eux de la manière suivante, $A + B - C$. Tracez une ligne indéfinie et marquez sur cette ligne un point O, et de ce point, avec le rayon des arcs a, b, c, décrivez une circonférence qui coupe la ligne indéfinie en un point G. Agissez avec les arcs a, b, c, que vous porterez sur la circonférence tracée à partir de l'origine fixe G, comme vous avez fait avec les longueurs A, B, C. Vous tirerez pour les combinaisons d'angles, des conclusions analogues à celles que vous avez tirées pour les combinaisons de droites et d'arcs, et dont la conséquence sera ceci :

La soustraction pouvant se faire, l'angle résultant, dont l'un des côtés est la ligne fixe O G, dirige son ou-

verture au dessus de cette ligne, comme a été dirigée d'abord l'ouverture des angles *additifs*. *La soustraction ne pouvant pas se faire*, *l'angle résultant du procédé graphique est porté au dessous du côté fixe* o g. Ce dernier angle est égal à ce que l'angle *soustractif* a de plus que la somme des angles *additifs*.

Ces remarques seront mises en usage plus tard, pour fonder de la manière la plus générale, l'étude de la géométrie par le secours de l'algèbre.

ANGLES INTÉRIEURS DES POLYGONES. CONSTRUCTION DE PARALLÈLES ET DE TRIANGLES.

THÉORÈME. Fig. 20.

37. *La somme des angles d'un triangle* ABC *est égale à deux angles droits.*

Prolongez un côté BC, par le point c menez co parallèle à BA. Les angles du triangle sont égaux chacun à chacun aux angles en c, donc ils valent deux droits.

COROLLAIRES. *L'angle* ACI *appelé extérieur, vaut la somme des deux intérieurs opposés.*

Étant donné deux angles d'un triangle, trouver le troisième. On ajoutera le premier au second; l'angle formé par l'un des côtés de l'angle somme et par le prolongement de l'autre côté, sera le troisième angle cherché.

THÉORÈME. Fig. 21.

La somme des angles d'un polygone — vaut deux angles droits répétés autant de fois qu'il y a de côtés moins deux dans le polygone.

Joignez un point intérieur G, avec tous les sommets du polygone; vous formerez autant de triangles qu'il y a de côtés. La somme des angles à la base des triangles, est la même que la somme des angles du polygone, or cette somme, si on y ajoutait les angles en G, qui valent deux fois deux droits, serait égale à autant de fois deux droits qu'il y a de triangles ou de côtés dans le polygone. Donc la somme des angles du polygone vaut deux droits répétés autant de fois qu'il y a de côtés moins deux dans le polygone.

Quand un polygone est à la fois *équiangle et équilatéral*, on l'appelle *polygone régulier*.

Exercices.

1° Étant donné un trapèze, trouver l'angle de ses côtés non parallèles, sans les prolonger.

2° Étant donné l'un des angles aigus d'un triangle rectangle, trouver l'autre angle aigu.

3° Du sommet d'un triangle rectangle, on abaisse une perpendiculaire sur l'hypothénuse : prouver que les trois triangles sont équiangles.

4° Dans un triangle isocèle, l'angle du sommet étant la moitié de l'angle à la base, quelle est la valeur de l'angle du sommet en angle droit ?

5° Vérifier par la mesure des angles que les trois an-

gles d'un triangle, dont les trois côtés touchent la circonférence, valent deux angles droits.

6° Étant donné tous les angles moins un d'un polygone, construire le dernier angle.

7° Que vaut l'angle de tel polygone équiangle en angles droits ?

8° Que vaut la somme des angles intérieurs d'un polygone qui a un angle rentrant, c'est-à-dire un angle plus
grand que deux angles droits ?

9° En prolongeant dans le même sens tous les côtés
d'un polygone, on forme des angles extérieurs ; que
vaut leur somme ?

10° En prolongeant les côtés d'un polygone dans les
deux sens on forme une étoile, que vaut la somme des
angles qui en composent les pointes ?

11° Les pointes de l'étoile formées par l'hexagone régulier sont des triangles équilatéraux.

12° Dans l'hexagone régulier, les côtés opposés sont
parallèles.

Les diagonales menées aux sommets opposés, se coupent toutes au même point. Prouver que ces deux propriétés sont vraies pour tous les polygones réguliers.

Jusqu'ici nous n'avons effectivement exécuté à la règle et au compas, qu'une seule construction : c'est celle qui consiste à faire un angle égal à un autre. Par le moyen de cette construction on peut :

PROBLÈME.   Fig. 22.

38 1° Par un point donné c , mener une parallèle à une droite donnée AB . Pour cela, ayant mené par c, une sécante EGF, on fait en c avec cette sécante , un angle égal à FGB.

PROBLÈMES.

2° Construire un triangle , étant donné un angle et les deux côtés qui le comprennent; ou bien étant donné un côté et deux angles quels qu'ils soient. Je laisse cette construction à exécuter aux élèves.

Il y a un grand nombre de constructions qui ne peuvent être justifiées, ou dont la possibilité ou l'impossibilité ne peuvent être constatées que lorsqu'on connaît les rapports de grandeur qui existent entre les élémens de deux circonférences tracées sur un même plan , savoir les *deux rayons* et la *distance des centres*.

RELATIONS ENTRE LES ÉLÉMENS DE DEUX CIRCONFÉRENCES.

THÉORÈME.   Fig. 23.

39. *Par trois points* A , B , D , *non en ligne droite, on peut faire* passer *une circonférence ; on n'en peut faire passer qu'une.*

Les lignes AB, BD, seront des cordes, le centre c se trouvera à la rencontre unique des deux perpendiculaires menées au milieu de chacune de ces cordes.

THÉORÈME.   Fig. 24.

40. *Lorsque deux cercles* c, c′ *ont deux points communs,* (et ils ne peuvent en avoir trois, puisque dans ce cas ils ne seraient pas distincts l'un de l'autre), *la ligne qui joint les centres est perpendiculaire à la corde commune qui jont les points d'intersection.*

Car les deux centres sont également distants des extrémités de la corde commune aux deux circonférences.

THÉORÈME.   Fig. 24.

41. *Lorsque deux cercles se coupent — la distance des centres est plus petite que la somme des rayons et plus grande que leur différence.*

Cela résulte de ce qu'il y a triangle formé entre ces trois élémens, distance des centres, premier rayon, second rayon.

Quelque rapprochées que soient les deux extrémités de la corde commune, la perpendicularité avec la ligne des centres existant ainsi que le partage égal de la corde, cela aura encore lieu lorsque les deux points étant réunis en un seul, les cercles n'auront plus qu'un point commun, de la il résulte que :

THÉORÈME. **Fig. 25.**

*Lorsque les deux cercles n'ont qu'un point commun
— ce point est sur la ligne des centres — les cercles ont
une tangente commune — la distance des centres est
égale à la somme des rayons, quand les cercles sont
extérieurs l'un à l'autre; elle est égale à la différence
des rayons quand ils sont intérieurs l'un à l'autre.*

THÉORÈME. **Fig. 26.**

*Lorsque deux cercles n'ont aucun point commun, la
distance des centres est plus grande que la somme
des rayons, si les cercles sont extérieurs l'un à l'autre; elle est plus petite que la différence des rayons,
s'ils sont intérieurs l'un à l'autre.* En appelant R, r, D
les élémens des deux cercles, on verra qu'aux diverses
constitutions des figures 24, 25, 26, répondent les con-
séquences exprimées par les relations.

$$D < R + r, \qquad D > R - r\,;$$
$$D = R + r, \qquad \text{ou } D = R - r\,;$$
$$D > R + r, \qquad \text{ou } D < R - r.$$

*Réciproquement l'une quelconque de ces relations
étant établie, il en résulte la constitution de figure cor-
respondante annoncée ci-dessus.* Car cette relation,
quelle qu'elle soit, exclut toutes les constitutions qui
dans les théorèmes directs ne se rapportent pas à elle.
Je laisse le détail à faire aux élèves.

La théorie qui précède s'applique à toutes les recher-

4

ches dans lesquelles des points sont déterminés par des intersections d'arcs de cercle.

CONSTRUCTIONS DES TRIANGLES, DES PERPENDICULAIRES, DES TANGENTES, ETC.

PROBLÈME.

42. *Étant donné les trois côtés d'un triangle, décrire le triangle.*

Tracez un côté ; des extrémités de ce côté comme centre, et avec des rayons respectivement égaux aux deux autres côtés, décrivez des arcs de cercle, et joignez leur point d'intersection avec les extrémités du côté tracé.

On examinera les cas d'impossibilité du problème.

PROBLÈME. Fig. 27.

Étant donné deux côtés a, b et l'angle A opposé à l'un d'eux, construire le triangle.

Ayant fait l'angle A, et pris sur un de ses côtés une longueur AC égale à b, il faudra décrire du point C un arc de cercle, pour marquer sur l'autre côté de l'angle, le troisième sommet du triangle.

Les données peuvent être telles que :

1º L'arc de cercle coupe en deux points B, B′ du même côté de A, alors il y a deux triangles qui remplissent les conditions de la question : on dit qu'il y a deux solutions.

2º Le second point d'intersection soit en A même,

l'un des triangles s'anéantit; il n'y a qu'une seule solution.

3° Le second point d'intersection soit au-delà de A. Le triangle résultant de cette intersection doit être rejeté; il y a une solution.

4° L'arc de cercle touche seulement le troisième côté. Les deux triangles se confondent en un seul qui est rectangle; il n'y a qu'une solution.

5° L'arc de cercle ne rencontre pas le troisième côté. La construction est impossible; il n'y a pas de solution.

Traduire la condition d'impossibilité d'après la théorie du numéro 4.

43. Le procédé pour construire les perpendiculaires consiste toujours à marquer deux points, également distans de deux points choisis dans la ligne sur laquelle il faut faire la perpendiculaire.

PROBLÈME.

1° *En un point d'une droite, élever une perpendiculaire à cette droite.*

Marquez à partir du point donné sur la droite, deux distances égales; de l'extrémité de ces distances, avec des rayons suffisamment grands, décrivez des arcs de cercle qui se couperont; joignez le point donné avec le point d'intersection des arcs.

PROBLÈME.

2° *D'un point hors d'une droite, abaisser une perpendiculaire sur cette droite.*

Du point donné décrivez un arc qui coupe la droite

donnée en deux points ; marquez un point du plan, également éloigné de ces deux points, par la méthode employée au problème précédent, et joiguez ce dernier avec le point donné hors de la droite.

On devra faire exécuter, par les élèves, toutes ces constructions et les suivantes, à la règle et au compas.

On appliquera ce qui précède aux constructions suivantes.

PROBLÈME.

44. *Faire passer un cercle par trois points donnés.*

PROBLÈME.

Trouver le centre d'un cercle dont on n'a que quelques points, au moins au nombre de trois.

PROBLÈME.

Couper un arc ou un angle en deux parties égales.

Il suffit d'abaisser du centre d'un arc décrit du sommet de l'angle donné, ou du centre de l'arc donné, une perpendiculaire sur la corde de l'arc embrassé par l'angle, ou sur la corde de l'arc donné.

PROBLÈME.

45. *Par un point donné mener une tangente à la circonférence.*

Si le point est sur la circonférence, on élèvera une

perpendiculaire à l'extrémité du rayon qui va au point de contact (24).

Si le point est hors de la circonférence, on déterminera le point de contact, en considérant que l'angle droit formé par le rayon du contact et la tangente, angle dont les côtés passent par le centre et par le point donné, devra être inscrit dans la demi-circonférence décrite sur la ligne qui va du centre au point donné. Pour trouver le centre de cette demi-circonférence, on marquera le milieu de cette ligne, en faisant passer une perpendiculaire dont les points sont également distans de ses extrémités.

PROBLÈME. **Fig. 28.**

46. *Décrire sur une ligne donnée* AB *un segment capable d'un angle donné* D.

Le centre du cercle auquel appartient ce segment, est sur la perpendiculaire élevée au milieu de AB, qui sera corde de la circonférence. Pour obtenir une autre ligne qui contienne le centre, observons que si par le point B nous menions une tangente BK à la circonférence cherchée, supposée décrite, l'angle ABK formé par cette tangente avec AB, serait égal à l'angle donné D, puisqu'il aurait pour mesure la moitié de l'arc qui complète la circonférence, avec l'arc du segment cherché ; donc réciproquement, si on fait au point B un angle ABK $=$ D, la ligne BK est une tangente en B au cercle cherché. Le centre de ce cercle se trouvera à l'intersection de la ligne MC avec la perpendiculaire élevée à BK au point B.

PROPRIÉTÉS DES PARALLÉLOGRAMMES.

47. *Le parallélogramme est un quadrilatère dont les côtés opposés sont parallèles ; si les côtés sont perpendiculaires , c'est un rectangle.* La théorie des parallèles et celle de l'égalité des triangles suffit pour vérifier les théorèmes suivans.

THÉORÈME.

1° *Dans un* ogramme *les côtés sont égaux ainsi que les angles opposés.*

Cela se voit par l'égalité des deux triangles formés par une diagonale.

Si les quatre côtés du parallélogramme sont égaux entre eux, il s'appelle losange; si les angles sont droits, carré.

2° *Dans un parallélogramme, les diogonales se coupent en parties égales.*

3° *Réciproques de ces théorèmes.*

Exercices.

48. 4° Dans un losange, les diagonales se coupent à angle droit.

Dans un carré elles se coupent en quatre parties égales entre elles.

5° Construire un parallélogramme connaissant deux côtés adjacens et l'un de ses angles.

6° Quel quadrilatère obtient-on, en joignant de proche en proche les milieux des côtés d'un parallélogramme, ou d'un rectangle, ou d'un losange, ou d'un carré?

7° Quelles conditions doit remplir un quadrilatère pour qu'on puisse lui circonscrire une circonférence.

CHAPITRE IV.

MULTIPLICATION ARITHMÉTIQUE ET ALGÉBRIQUE. PRINCIPES DE L'ÉVALUATION DES AIRES PLANES.

§ I.

DÉFINITIONS GÉNÉRALES.

48 *bis*. Pour bien faire comprendre comment l'opération dont nous allons parler, embrasse dans une définition commune et générale des questions de nombre, qui paraissent différer par le détail des pratiques à l'aide desquelles on les résout, nous poserons les trois questions concrètes suivantes :

Un ouvrier tourneur en cuivre travaille dans un atelier, où il gagne par journée, composée de 10 heures de travail, 5 fr.

La journée commence à 6 heures du matin. S'il travaille sans interruption toute la semaine, c'est-à-dire 6 jours,

Combien gagnera-t-il ?

S'il ne travaille que le lundi et qu'il se retire à 2 heures au coup de cloche du

(57)

dîner, c'est-à-dire s'il ne travaille que $\dfrac{6}{10}$ de jour,

Combien gagnera-t-il ?

L'enfant de cet ouvrier tourne la roue ;

il gagne par journée 15 sols ou $\dfrac{3}{4}$ de fr. ,

S'il ne travaille que le lundi et qu'il se retire à 9 heures au coup de cloche du déjeuner , c'est-à-dire s'il ne travaille que

3 heures , ou $\dfrac{3}{10}$ de jour.

Combien gagnera-t-il ?

Ces trois questions sont de la même nature ; elles se résoudront :

La 1re en répétant 5 fr. 6 fois , ce qui donne 30 fr.

La 2e en prenant de 5^f les $\dfrac{6}{10}$ ce qui donne $\dfrac{30}{10}$ de fr.

La 3e en prenant de $\dfrac{3}{4}^f$ les $\dfrac{3}{10}$ ce qui donne $\dfrac{9}{40}$ de fr.

Les trois pratiques différentes qui donnent ces trois résultats s'appellent du nom commun de *multiplication*.

Le 1er nombre $\begin{array}{c} 5 \\ 5 \\ \dfrac{3}{4} \end{array}$ s'appelle *multiplicateur*.

Le 2ᵉ nombre $\dfrac{\begin{array}{c}6\\6\end{array}}{10}$ $\dfrac{3}{10}$ s'appelle *multiplicande*.

Le 3ᵉ nombre $\dfrac{\begin{array}{c}30\\30\end{array}}{10}$ $\dfrac{9}{40}$ s'appelle *produit*.

Les deux premiers nombres s'appellent *facteurs* du produit.

Observez que le produit

3o fr. se forme de 6 fois   5 fr.

$\dfrac{3o}{10}$ *id.* $\dfrac{6}{10}$ d'une fois 5

$\dfrac{9}{4o}$ *id.* $\dfrac{3}{10}$ d'une fois $\dfrac{3}{4}$

Le produit est donc composé du multiplicande, de la même manière que le multiplicateur est composé de l'unité.

Cette parité arithmétique dans la composition des résultats, justifie la communauté du nom donné aux opérations qui résolvent les trois questions proposées.

Le signe de la multiplication est ✕ ; il se prononce *multiplié par*, ou *qui multiplie*.

$$5 \times 6 = 30, \qquad 5 \times \frac{6}{10} = \frac{30}{10}, \qquad \frac{3}{4} \times \frac{3}{10} = \frac{9}{40}.$$

MULTIPLICATION DES NOMBRES ENTIERS.

49. Les produits des nombres d'un seul chiffre sont faits d'avance, dans le tableau connu sous le nom de *table de Pythagore*. La première ligne horizontale renferme les 9 premiers nombres ; les lignes horizontales des numéros 2, 3, 4, présentent au dessous de chaque nombre de la première, son produit par 2, 3, 4, etc. Il est bon de pousser cette table plus loin, jusqu'à 20 par exemple, et de l'apprendre de mémoire.

1	2	3	4	5	6	7	8	9
2	4	6	8	10	12	14	16	18
3	6	9	12	15	18	21	24	27
4	8	12	16	20	24	28	32	36
5	10	15	20	25	30	35	40	45
6	12	18	24	30	36	42	48	54
7	14	21	28	35	42	49	56	63
8	16	24	32	40	48	56	64	72
9	18	27	36	45	54	63	72	81

Pour multiplier un nombre entier par 10, 100, 1000, etc., il suffit de mettre à la droite de ce nombre un, deux, trois zéros.

Multiplier un nombre par 20, 300, 4000, etc., c'est le prendre en somme 20, 300, 4000 fois ; cela se fera en répétant le nombre 2, 3, 4 fois; puis répétant 10, 100, 1000 fois ces répétitions par 2, par 3, par 4. Ainsi, après avoir multiplié le nombre par 2, 3, 4, etc., on mettra à la droite du produit 1, 2, 3, etc., zéros.

Soit à multiplier l'un par l'autre deux nombres entiers quelconque 3457, 234.

$$
\begin{aligned}
3457 \times 234 &= 3457 \times 4 \\
&+ 3457 \times 30 \\
&+ 3457 \times 200
\end{aligned}
$$

$$
\begin{array}{r}
3457 \\
234 \\
\hline
13828 \\
103710 \\
691400 \\
\hline
808938
\end{array}
$$

Tout se réduit, comme on voit, à multiplier un nombre de plusieurs chiffres 3457 par un nombre 4, d'un seul chiffre. Soit pour exemple 4 ce multiplicateur. On répète successivement 4 les fois unités, 4 fois les dizaines, 4 fois les centaines du multiplicande; ayant soin lorsqu'un de ces produits dépasse 9, comme il arrive à celui des unités qui est 28, de ne poser que le 8 aux unités du produit, et de retenir les 4 dizaines pour les ajouter au produit des dizaines par 4.

Faire énoncer les diverses parties du procédé par les élèves.

MULTIPLICATION DES FRACTIONS ET DES NOMBRES DÉCIMAUX.

50. Multiplier $\dfrac{6}{10}$ par 5, c'est prendre 5 fois plus de

parties d'unité qu'il n'y en a dans $\frac{6}{10}$. Le produit est

donc $\frac{6 \times 5}{10} = \frac{30}{10}$

Multiplier 5 par $\frac{6}{10}$ c'est prendre $\frac{6}{10}$ de 5

Multiplier $\frac{3}{4}$ par $\frac{3}{10}$ c'est prendre $\frac{3}{10}$ de $\frac{3}{4}$

$\frac{1}{10}$ de 5 c'est $\frac{5}{10}$, donc $\frac{6}{10}$ de 5 c'est $\frac{5 \times 6}{10} = \frac{30}{10}$

$\frac{1}{10}$ de $\frac{3}{4}$ c'est $\frac{3}{4 \times 10} = \frac{3}{40}$, donc $\frac{3}{10}$ de $\frac{3}{4}$ c'est $\frac{3 \times 3}{4 \times 10} = \frac{9}{40}$

$\frac{6}{10} \times 5 = \frac{6 \times 5}{10}$; $5 \times \frac{6}{10} = \frac{5 \times 6}{10}$; $\frac{3}{4} \times \frac{3}{10} = \frac{3 \times 3}{4 \times 10}$

Cette dernière ligne est une récapitulation d'où l'on tirera l'énonciation de la règle pour les trois cas que nous venons d'examiner. Si l'on voulait faire une énonciation générale, on supposerait que les facteurs, quand ils sont entiers, ont pour dénominateur l'unité, et l'on dirait : *la multiplication des fractions se fait en multipliant numérateur par numérateur et dénominateur par dénominateur.*

Multiplier $6 + \frac{3}{4}$, par $+\ 2\ \frac{3}{10}$, c'est répéter $6 + \frac{3}{4}$

2 fois, et ajouter au produit les $\frac{3}{10}$ de $6 + \frac{3}{4}$

$$\left(6+\frac{3}{4}\right)\times\left(2+\frac{3}{0}\right)=$$

$$=6\times 2+\frac{3}{4}\times 2+6\times\frac{3}{10}+\frac{3}{4}\times\frac{3}{10}$$

Le plus souvent, pour faire l'opération, on réduit chaque facteur en un nombre fractionnaire, et l'on n'a plus à considérer que deux fractions $\frac{27}{4}$, $\frac{23}{10}$.

51. Si les nombres à multiplier $3,57\times 2,3$, sont décimaux, en les mettant sous forme de fractions ordinaires $\frac{357}{100}$, $\frac{23}{10}$, on aura pour résultat

$$\frac{357\times 23}{1000}$$

Le numérateur 357×23 est le produit des nombres décimaux sans virgule ; le dénominateur contient autant de zéros qu'il y avait de chiffres décimaux dans les deux facteurs ; d'où l'on voit que pour avoir le produit sous forme décimale, il faut *multiplier les nombres décimaux sans tenir compte de la virgule, et séparer au produit autant de chiffres décimaux qu'il y en avait dans les deux facteurs.*

Exercices.

52. 1°. Combien y a-t-il de lignes dans $3,245$ toises?

2°. Combien de toises dans 25 myriamètres.

3°. Combien de mètres dans 12 lieues.

4°. Combien de livres d'argent fin et de livres de cuivre dans 3,545 francs, monnaie d'argent.

5°. Le centre de la terre parcourt sur son orbite annuelle, en une heure, une distance moyenne de 24,000 lieues. Quelle est l'étendue de l'orbite totale ?

6°. Selon l'écriture, Salomon employait aux travaux du temple de Jérusalem 80,000 hommes de peine, 80,000 tailleurs de pierre et 3,600 ouvriers pour conduire les travaux. La durée des travaux fut de 7 ans. On demande quelle somme coûterait de nos jours la main-d'œuvre seulement d'un pareil ouvrage, en évaluant, à $2^f,25$, $4^f,25$, et 3^f, 25 la journée des trois sortes d'ouvriers employés.

7°. Un régiment de cavalerie de 785 chevaux, a fait marché avec un grand cultivateur du pays. Il livre au cultivateur ses fumiers, à raison de $2\frac{1}{2}$ centimes par tête de cheval et par jour. Quelle somme le régiment a-t-il touché au bout de l'année ?

8°. 150 chevaux d'un régiment de cavalerie doivent prendre le vert pendant 25 jours. Chaque cheval devra consommer 4 bottes par jour. L'arpent de pré fournit 200 bottes de vert : combien a-t-on dû louer d'arpens de pré, pour fournir la nourriture des chevaux pendant le temps du vert ?

9°. La plus grande vitesse d'un vaisseau bon voilier est de 6 mètres par seconde : quel espace parcourt-il dans un jour ?

10°. Évaluer en ⅔ francs la dépense totale qui a été faite, pour construire le chemin de fer de Liverpool à Manchester, sachant que cette dépense totale en livres sterling est de 820,000 livres, et que la livre sterling vaut 25 f.,208.

11°. Les temps des révolutions des planètes autour du soleil sont exprimés par les nombres suivans : la terre 365 jours 5 heures 48 minutes 51 secondes; Mercure, 87 jours 23 heures 13 minutes 43 secondes ; Vénus, 224 jours 16 heures 49 minutes 9 secondes ; Mars, 688 jours 23 heures 30 minutes 40 secondes : Jupiter 4,332 jours 14 heures 18 minutes 40 secondes ; Saturne 10,758 jours 23 heures 16 minutes 40 secondes; Uranus, 30,680 jours 17 heures 6 minutes 16 secondes : par quels nombres ces temps seront-ils exprimés en secondes ?

12°. Un mineur qui est exercé à compter 10 pendant une seconde, veut juger la profondeur d'un puits de mine abandonné. Il jette dans le puits un artifice fulminant par le choc. Depuis le moment où la lumière lui est parvenue, jusqu'au moment où il a entendu le bruit de l'explosion, il a achevé de compter 57. Il sait que la vitesse du son dans l'air est de $337^m,28$. A combien évaluera-t-il la profondeur du puits, et quelle est la plus grande erreur qu'il puisse commettre dans cette évaluation ?

RÉDUCTION DES FRACTIONS AU MÊME DÉNOMINATEUR.

53. Lorsqu'on fait sur des nombres 3 , 5 , 7 , 12, etc., des multiplications successives...., $3 \times 5 \times 7 \times 12$, *le produit* qui en résulte *reste le même dans quelqu'ordre que ce soit qu'on ait multiplié les facteurs.* Pour ne pas interrompre la suite des idées, nous renverrons plus loin la démonstration de ce principe.

Lorsque les facteurs sont égaux , le produit s'appelle *puissance* du facteur ; on n'écrit le facteur qu'une seule fois , et un petit chiffre placé au-dessus indique le nombre de facteurs égaux du produit. Ce petit chiffre s'appelle *exposant.*

$$3 \times 3 = 3^2 \quad \text{deuxième puissance de } 3$$

$$3 \times 3 \times 3 = 3^3 \quad \text{troisième puissance de } 3$$

$$3 \times 3 \times 3 \times 3 = 3^4 \quad \text{quatrième puissance de } 3$$

$$\left(\frac{2}{3} \times \frac{2}{3} \times \frac{2}{-} \times \frac{2}{3} \times \frac{2}{3}\right) = \left(\frac{2}{3}\right)^5 \quad \text{cinq. puiss. de } \frac{2}{3}$$

54. La réduction d'un nombre quelconque de fractions au même dénominateur , dépend du pincipe précédent et de celui-ci , que *lorsqu'on multiplie les deux termes d'une fraction par un même nombre, on n'altère pas sa valeur.* En effet en multipliant par 3 , le dénominateur d'une fraction $\frac{1}{8}$, cette fraction devient trois fois plus petite ; (5) en multipliant le numérateur par **3** , la

fraction renferme trois fois plus de parties ; elle devient trois fois plus grande ; donc il y a compensation exacte, et la nouvelle fraction est égale en valeur à la première.

Cela posé, soient plusieurs fractions :

$$\frac{2}{3}, \quad \frac{3}{4}, \quad \frac{2}{5}, \quad \frac{4}{7}.$$

Si l'on multiplie les deux termes de chacune de ces fractions par le produit des dénominateurs de toutes les autres, on obtiendra de nouvelles fractions, qui auront pour dénominateur commun le produit $3 \times 4 \times 5 \times 7$ de tous les dénominateurs ; elles auront la même valeur que leurs correspondantes, puisqu'elles résultent de chacune de celles-ci, dont les deux termes ont été multipliés par un même nombre.

Cette réduction permet maintenant d'exécuter les règles de l'addition et de la soustraction sur des fractions de dénominateurs différens.

Application. Quel est le poids total de notre système planétaire ? En comptant le poids de la terre pour 1, les autres parties du système valent :

Mars,	Mercure,	Vénus,	Uranus,	Saturne,	Jupiter.
$\frac{1}{7}$	$\frac{9}{26}$	$\frac{13}{14}$	$19 + \frac{9}{10}$	$101 + \frac{1}{15}$	$331 + \frac{3}{4}$

les 4 petites planètes et tous les satellites,

1

§ II.

MULTIPLICATION DES MONOMES.

55. Lorsque les facteurs d'un produit sont indiqués par des lettres, le plus souvent on n'interpose aucun signe entre eux pour indiquer le produit : ainsi $4 \times a \times a \times b \times b \times b \times c$ s'écrit $4\,a^2\,b^3\,c$; cela est la formule la plus complète d'un *monome*.

Si l'on a à indiquer la multiplication des nombres représentés par les monomes $4\,a^2b^3c$, $5\,ab^2d^3$, on écrit

$$(1) \quad 4\,a^2b^5c \times 5\,ab^2d^3$$

Exécuter la multiplication, c'est réduire cette indication à la forme d'un monome unique. Pour cela on multiplie les coefficiens entre eux, on écrit comme facteur chaque lettre de deux monomes, avec un exposant égal à la somme des exposans que cette lettre a dans les deux monomes.

$$(2) \quad 20\,a^3b^5c\,d^3.$$

La théorie est fondée 1°. sur la décomposition des produits $4\,a^2b^3c \times 5\,ab^2d^3$ en tous les facteurs qui les composent, ainsi qu'il suit :

$$4.a.a.b.b.b.c.\,5\,a.b.b.d.d.d$$

2°. Sur l'inversion légitime qu'on peut faire de tous les facteurs, ainsi qu'il suit :

$$4.5. \quad aaa\,bbbbb\,c\,ddd.$$

On fera bien de vérifier arithmétiquement l'identité de l'indication (1) et du produit effectué (2). Pour cela donnez aux lettres telles valeurs que vous voudrez; calculez les deux facteurs de (1), faites le produit; calculez (2) et comparez avec le produit obtenu.

MULTIPLICATION DES POLYNOMES.

56. Soient deux polynomes. Soit a et c l'ensemble des termes additifs, b et d l'ensemble des termes soustractifs; les deux polynomes seront exprimés par $a - b$, $c - d$. Si l'on a à indiquer la multiplication des deux nombres représentés par ces polynomes, on écrira :

$$(a - b) \times (c - d) \text{ ou } (a - b.(c - d)$$
$$\text{ou même } (a - b)(c - d).$$

Exécuter la multiplication, c'est réduire cette indication à la forme d'un polynome unique, c'est-à-dire à une expression algébrique, composée de monomes séparés par le signe $+$ ou le signe $-$.

Pour multiplier $a - b$ par $c - d$, si l'on multiplie $a - b$ par c seulement, on aura un produit trop grand de $a - b$ multiplié par d; donc d'abord,

$$(a - b) \times (c - d) = (a - b) \times c - (a - b) d.$$

Mais pour multiplier $(a-b)$ par c, si l'on écrit $a \times c$ ou ac, on aura un produit trop fort de $b \times c$ ou bc. Donc en second lieu

$$(a-b) \times (c-d) = (ac-bc) - (ad-bd)$$

Et à cause de la règle de la soustraction

$$(a-b) \times (c-d) = ac - bc - ad + bd.$$

De là se tire cette règle : Pour multiplier deux polynomes l'un par l'autre, 1° multipliez tous les termes du multiplicande successivement par chaque terme du multiplicateur ; 2° quand deux termes auront le même signe, soit $+$ soit $-$, donnez au produit de ces termes le signe $+$; quand deux termes auront des signes contraires ; donnez au produit de ces termes le signe $-$.

Exercices.

57. 1°. $(a+b) \times (a+b) = (a+b)^2$
   2°. $(a+b) \times (a+b) = (a-b)^2$ $\Big\} = a^2 \pm 2ab + b^2$

   3°. $(a+b) \times (a-b)$

   4°. $(a^2+ab+b^2)(a-b)$

   5°. $(a^3+a^2b+ab^2+b^3(a-b)$

   6°. $(a+b)(a+b)(a+b) = (a+b)^3$

   7°. $(a-b)(a-b)(a-b) = (a-b)^3$

   8°. $(a^2c - 4ab^2c + 4b^3c)(3c^2 - bc + 3b^2)$

Remarquez ceci : lorsque les deux termes des facteurs sont rangés selon les grandeurs des exposans d'une même lettre, il en est de même du produit. On dit alors que les polynomes sont *ordonnés suivant les puissances d'une même lettre.*

9°. Une pièce de vin contient bouteilles $270 = b$.

On retire d'abord de cette pièce les $\dfrac{3}{5} = \dfrac{p}{q}$

On retire un peu après de ce qui reste les $\dfrac{3}{5} = \dfrac{p}{q}$

On retire ensuite de ce reste les $\dfrac{2}{9} = \dfrac{m}{n}$

Quelle portion cela fait-il de la pièce totale ? Combien cela fait-il de bouteilles ? Combien cela fait-il de litres ?

10°. La pièce de 20 fr. de France vaut en piastres d'Espagne $3 + \dfrac{9}{13} = \text{P} + \dfrac{p}{m}$

La piastre d'Espagne vaut en écus de Bâle $1 + \dfrac{2}{11} = \text{B} + \dfrac{b}{n}$

L'écu de Bâle vaut en sequins de Venise $\dfrac{11}{30} = \dfrac{s}{q}$

Que vaut en sequins de Venise la pièce de 20 fr. de France ?

Les applications arithmétiques que l'on composera
pour les élèves et que l'on fera composer par eux, devront
être résolues tantôt directement , tantôt en écrivant la
solution avec des signes , et faisant toutes les réductions
algébriques , avant d'en venir au calcul arithmétique.

§ III.

MESURE DE FIGURES PLANES.

THÉORÈME.   Fig. 29.

58. *Mesurer avec un carré* u *pris pour unité l'aire
ou étendue superficielle d'un rectangle* R.

Supposons que la base contient 8 fois , et la hauteur
3 fois le côté de ce carré. On pourra disposer sur la
base une rangée de 8 carrés ; et il y aura dans tout le
rectangle 3 rangées semblables superposées.

La mesure des rectangle est donc 8×3.

Si la mesure de la base était $8 + \dfrac{1}{2}$, chaque rangée
contiendrait 8 carrés plus $\frac{1}{2}$ carré ; la mesure serait encore
$$\left(8 + \frac{1}{2} \right) \times 3.$$

Si la mesure de la base étant toujours $8 + \dfrac{1}{2}$, celle

de la hauteur était $3 + \dfrac{2}{3}$ (*fig.* 3o), il y aurait d'abord trois rangées de chacune $8 + \dfrac{1}{2}$ carrés, ce qui ferait pour une première partie de la mesure $\left(8 + \dfrac{1}{2}\right) \times 3$. Il y aurait de plus une dernière rangée qui ne serait que les $\dfrac{2}{3}$ de chacune des autres ; ce qui ferait pour 'a 2ᵉ partie de la mesure $\left(8 + \dfrac{1}{2}\right) \times \dfrac{2}{3}$.

La mesure totale est donc $\left(8 + \dfrac{1}{2}\right) \times \left(3 + \dfrac{2}{3}\right)$.

Donc en général la mesure d'un rectangle est le produit de sa base par sa hauteur.

Corollaire. *La mesure du parallélogramme est le produit de sa base par sa hauteur.* On appelle hauteur la perpendiculaire entre deux côtés parallèles.

On voit, en effet, fig. 31, que le parallélogramme ABCD a la même superficie que le rectangle EDCB de même base et même hauteur que lui ; la première de ces surfaces ayant de plus que la seconde le triangle FCD égal au triangle EBA , que la seconde a de plus que la première. Les élèves vérifieront l'égalité des triangles.

THÉORÈME. **Fig. 32.**

La mesure du triangle est égale à la moitié du produit de sa base par sa hauteur.

Car le triangle est, comme on voit, la moitié d'un parallélogramme de même base et de même hauteur que lui.

CorolLaire. Pour mesurer un polygone (fig. 33), on le partage en triangle ; on mesure chaque triangle et on ajoute.

Corollaire. Pour mesurer une superficie renfermée dans un contour courbe quelconque, on remplace les diverses parties de la courbe par des lignes droites ; on forme ainsi un polygone qui diffère peu de la superficie donnée ; on mesure le polygone.

Corollaire. Tous les triangles construits sur la même base, et dont les sommets sont sur une même parallèle à cette base, sont équivalens. Cette propriété donne un moyen simple pour résoudre le problème suivant.

PROBLÈME.   Fig. 33.

59. *Changer un polygone* ABEDC *dans un triangle équivalent.*

Séparez du polygone le triangle ABC, en menant la diagonale BC, et remplacez-le par un triangle ayant BC pour base, et ayant son sommet à la fois sur une parallèle à la diagonale, menée par le point A et sur le prolongement du côté DC adjacent à cette diagonale ; vous aurez ainsi diminué le polygone donné d'un côté. Continuez d'appliquer le même procédé, jusqu'à ce que vous arriviez à un polygone de trois côtés.

THÉORÈME.   Fig. 34.

60. Définition. *Le trapèze* ABCD *est un quadrilatère dont deux côtés seulement sont parallèles ; la hauteur est la perpendiculaire entre les deux bases.*

L'aire du trapèze a pour mesure la demi-somme des bases parallèles, multipliée par la hauteur ou, ce qui revient au même, la ligne qui joint les côtés non parallèles multipliée par la hauteur.

Par le point H milieu de DC, menez EF parallèle à AB et HG parallèle à AD et BC. Le parallélogramme ABEF est équivalent au trapèze, à cause de l'égalité des triangles DHF, EHC. Or AF surpasse AD d'autant que BE, l'égale de ADF, est surpassé par BC; d'où il résulte que BE est la moitié de AD+BC; donc la mesure du trapèze est $\dfrac{AD + BC}{2} \times IK$.

A cause de GH = BE cette mesure est aussi GH $\times$ IK. Or il est facile de voir que GH passe par le milieu de AB et de DC.

On profitera des propriétés géométriques qui viennent d'être démontrées, pour faire faire de nombreuses applications numériques de la multiplication des nombres entiers, des fractions ordinaires et des nombres décimaux.

Exercices.

61. 1°. Par le sommet d'un triangle mener des lignes qui le partagent en quatre triangles équivalens entre eux.

2°. Étant donné un triangle, construire sur un de ses côtés un triangle isocèle équivalent.

3°. Changer un triangle dans un parallélogramme équivalent de même base.

4°. Construire un triangle qui soit moitié d'un trapèze de même hauteur que lui.

5°. Construire un trapèze tel, qu'en menant par l'extrémité de la petite base une parallèle au côté adjacent, le triangle détaché soit le tiers du trapèze.

6°. Changer un triangle, dans un polygone équivalent d'un nombre de côtés déterminé.

7°. Quelle est la nature des surfaces dans lesquelles peut se décomposer simplement, le carré fait sur la somme de deux lignes, ou le carré fait sur la différence de deux lignes a et b, où le rectangle ayant pour base la somme $a + b$ des deux lignes, et pour hauteur leur différence $a - b$?

Après la solution de cette question, que la multiplication algébrique donne immédiatement, faire la vérification par la géométrie.

MESURE DES POLYGONES RÉGULIERS ET DU CERCLE.

62. *Un polygone est régulier quand il a tous les angles égaux et tous les côtés égaux.* On conçoit facilement l'existence des polygones réguliers, car pour en tracer un, il suffit de couper une circonférence en arcs égaux, et de joindre de proche en proche les points de division. Évidemment un pareil polygone aura ses côtés égaux. Ses angles seront aussi égaux, car ils seront tous inscrits dans des segmens égaux.

THÉORÈME.   Fig. 35.

Étant donné un polygone régulier ABCDEF *on peut toujours* (*circonscrire / inscrire*) *une circonférence* (*à / dans*) *ce polygone régulier.*

En effet 1°. la circonférence qui passera par les trois sommets A, B, C, ne saurait rencontrer le côté suivant CD en un point D′ ou D″ différens de son extrémité D ; car alors la mesure de l'angle C, serait plus petite ou plus grande que celle de l'angle B, ce qui est impossible ; on dirait de même de tous les autres sommets.

2°. Le centre de la circonférence circonscrite étant également éloigné des côtés du polygone, si de ce centre, et avec une des lignes qui mesure cet éloignement, on décrit une circonférence, elle sera tangente au milieu de tous les côtés du polygone ; elle sera donc inscrite dans le polygone.

De là résulte les théorèmes suivans.

THÉORÈME.

L'aire d'un polygone régulier est égale à son périmètre multiplié par la moitié du rayon du cercle inscrit.

Car cette formule exprime la somme des aires des triangles centraux qui composent le polygone.

THÉORÈME.

63. *L'aire du cercle est égale à la circonférence multipliée par la moitié de son rayon.*

En effet, tout polygone inscrit dans cette circonférence, a pour mesure son périmètre multiplié par la moitié du rayon du cercle inscrit, et cela quelque multipliés
que soient les côtés du polygone, et quelqu'accroissement
respectif que reçoive le rayon du cercle inscrit. Or la
grandeur de la circonférence tend à se confondre avec la
longueur du périmètre du polygone ; la longueur du
rayon de la circonférence tend à se confondre avec la
longueur du rayon du cercle inscrit dans le polygone, en
même temps que l'aire du cercle tend à se confondre avec
l'aire du polygone ; donc l'aire du cercle a pour mesure
sa circonférence multipliée par la moitié du rayon.

DÉFINITION. *On appelle secteur circulaire la figure
comprise entre un arc et les deux rayons qui vont à ses
extrémités.*

COROLLAIRE. On démontre comme ci-dessus par com-
paraison avec le secteur polygonal, que *le secteur circulaire a pour mesure son arc multiplié par la moitié du
rayon.*

On démontrera que la circonférence mesurée avec le
diamètre, donne toujours le même nombre pour mesure,
quel que soit ce diamètre ; et que ce nombre, qu'on représente dans les formules par la lettre grecque π, est
$3,1415926$, etc. $= \frac{22}{7}$ à moins de $\frac{1}{100}$ près.

COROLLAIRE. D'après cette notation, en désignant le
rayon par r on exprime la longueur de toute circonférence,

$$2r \times \pi \text{ ou } 2\pi r, \text{ et la surface du cercle par}$$

$$2\pi r \times \frac{1}{2}\, r \text{ ou } \pi r^2.$$

Exercices.

64. 1°. Inscrire un carré dans une circonférence.

2°. Tracer une circonférence double d'une circonférence donnée.

3°. Construire un polygone régulier, d'un périmètre double de celui d'un polygone régulier de même nombre de côtés.

4°. Construire un cercle dont la surface soit double de celle d'un cercle donné.

Cela revient à trouver un carré double d'un autre.

5°. Construire un rectangle équivalent à un polygone régulier donné.

6°. Construire un rectangle équivalent à un cercle donné.

CHAPITRE V.

DIVISION ARITHMÉTIQUE ET ALGÉBRIQUE. — PROPRIÉTÉS DES PROPORTIONS. — LIGNES PROPORTIONNELLES. — SIMILITUDE DES FIGURES.

§ Iᵉʳ.

DIVISION DES NOMBRES ENTIERS.

65. Étant donné un produit 24 et l'un de ses deux facteurs 6, on peut se proposer de trouver l'autre facteur 4. L'opération qu'on fait pour cela s'appelle *division*. Le produit donné prend le nom de *dividende*, le facteur donné, celui de *diviseur*, le facteur cherché, celui de *quotient*. On peut envisager de diverses manières les rapports qu'il y a entre le produit et les deux facteurs ; le facteur 4 exprime le nombre de fois que 24 renferme le facteur donné 6 ; il est aussi la sixième partie de 24 ; il montre qu'on peut partager 24 en 6 parts égales, et il est lui-même l'une des parts. Mais quel que soit celui de ces rapports qu'une question concrète établisse, entre deux nombres donnés et un nombre cherché, on en reviendra pour résoudre numériquement cette question, à la définition unique et abstraite que nous avons donnée, et d'où se tire le procédé à suivre pour trouver ce troisième nombre.

Deux points placés entre le dividende et le diviseur

sont le signe de la division , 24 : 6 signifie qu'on veut diviser 24 par 6. Le petit trait horizontal placé comme il suit $\frac{24}{6}$ entre dividende et le diviseur, exprime aussi la division. Il n'y a aucun inconvénient à adopter ce signe , qui est celui des fractions, parce que la fraction $\frac{4}{}$ exprime en effet le quotient de 24 divisé par 6; car $\frac{1}{6}$ répété 6 fois donnant 1, $\frac{24}{6}$ répété 6 fois donne 24.

66. Les élèves seront exercés de mémoire à diviser des nombres de deux chiffres par un nombre d'un seul, et des nombres de trois chiffres par un nombre de deux chiffres, dans le cas où le quotient ne devra avoir qu'un seul chiffre. On se sert pour la division de la formule de langage suivante. En 75 combien de fois 8, il y est 9 fois; 9 fois 8 font 72, 72 ôté de 75 reste 3. En 754 combien de fois 87, il y est 8 fois; 8 fois 87 font 696; 696 ôtés de 754 reste 58. Après ces exercices ils pourront arriver aux exemples les plus généraux, d'après la théorie que nous allons exposer. Soit à diviser 808,938 par 3 ou par 234; on dispose les nombres comme ci-dessous.

```
Dividende. | Diviseur.
808938     | 3
6          | ____________
_______    | Quotient.
 20        | 269646
 18
_______
  28
  27
_______
   19
   18
_______
    13
    12
_______
     18
     18
_______
     00
```

```
808938 | 234
702    | ______
_____  | 3457
1069
 936
_____
 1333
 1170
_____
  1638
  1638
______
  0000
```

Prenons dans le dividende de la gauche à la droite

une partie $\dfrac{8}{808}$, capable de contenir le diviseur, et rai-

sonnons comme il suit :

En 8 combien de fois 3, 2 fois et il reste 2. Ainsi, 8 vaut $3\times2+2$. Donc 8 centaines de mille, qui sont 100000 fois plus grand que 8, valent $3 \times 200000 + 200000$. Ainsi, les 8 centaines de mille, qu'on appelle *premier dividende partiel*, contiennent le diviseur 200000 fois avec un reste de 200000.

Le 2 du quotient est donc un chiffre de centaines de mille, et le 2 du reste est aussi des centaines de mille.

On pose les 2 cent mille au quotient sans mettre les zéros qui devraient suivre, ces zéros devant être remplacés par les chiffres suivans du quotient.

En 808 combien de fois 234, 3 fois et il reste 106. Ainsi, 808 vaut $234 \times 3 + 106$. Donc 808 mille, qui sont 1000 fois plus grands que 808, valent $234\times3000 + 106000$. Ainsi, les 808 mille, qu'on appelle *premier dividende partiel*, contiennent le diviseur 3000 fois avec un reste de 106000.

Le 3 du quotient est un chiffre de mille, et les 106 du reste sont des unités de mille.

On pose les 3 mille au quotient, sans mettre les zéros qui devraient suivre, ces zéros devant être remplacés par les chiffres suivans du quotient.

Au reste $\begin{matrix} 8 \text{ centaines de mille,} \\ 106 \text{ mille,} \end{matrix}$ on joint les unités

de l'ordre suivant du dividende, en disant : *près du reste j'abaisse le chiffre suivant.* On forme ainsi le *second dividende partiel* $\begin{matrix} 20 \text{ dixaines de mille.} \\ 1069 \text{ centaines.} \end{matrix}$

On cherche le chiffre qui exprime combien de fois ce nouveau dividende partiel, contient le diviseur, on

trouve $\dfrac{6}{4}$; ce chiffre exprime les $\begin{matrix} \text{dixaines de mille} \\ \text{mille} \end{matrix}$ du quo

tient ; on calcule le reste comme ci-dessus, en multipliant le diviseur par le chiffre du quotient et retranchant du dividende partiel.

On forme le *troisième dividende* partiel, en joignant au reste les unités de l'ordre suivant du dividende. On continue jusqu'à ce qu'on ait épuisé successivement toutes les parties du dividende ; on obtient ainsi le nombre total, qui exprime combien de fois le dividende contient le diviseur ; ce nombre est le quotient demandé.

Il pourrait arriver qu'un des dividendes partiels ne pût contenir le diviseur, cela indiquerait que le quotient n'a pas de chiffre correspondant à l'ordre d'unités de ce dividende partiel ; on poserait o au quotient pour tenir lieu de l'ordre d'unités qui manquerait, et en abaissant près du dividende partiel le chiffre suivant, on formerait le dividende partiel suivant. Cette circonstance se présente dans l'exemple suivant 6624 : 32.

On fera récapituler la règle, pratique.

Si comme dans l'exemple suivant, il y avait un dernier excédant ou reste 2, après l'épuisement des chiffres du dividende, on ajouterait au nombre 14, trouvé au quotient, une fraction $\frac{2}{3}$, dont le numérateur est le reste et le dénominateur est le diviseur. On aurait alors $14 + \frac{2}{3}$ qui forme bien avec 3 les deux facteurs du produit 44. Car d'une part 3 multiplié par 14 donne 44 moins 2 unités, d'autre part 3 multiplié par $\frac{2}{3}$ donne bien le complément 2 du dividende.

$$\begin{array}{c|c} 44 & 3 \\ 3 & \overline{14} + \frac{2}{3} \\ \hline 14 & \\ 12 & \\ \hline 2 & \end{array}$$

Dans plusieurs circonstances on a trouvé pour résultat d'un calcul un nombre comme $\frac{44}{3}$ qu'on appelle nombre fractionnaire, et dans lequel le numérateur est plus grand que le dénominateur ; en le considérant comme le quotient de 44 par 3 on le réduira à la forme $14 + \frac{2}{3}$; c'est ce qu'on appelle extraire les entiers d'un nombre fractionnaire.

Diviser un nombre par 2, 3, 4, c'est rendre ce nombre 2,3,4 fois plus petit ; on se sert de cette remarque pour faire voir que si l'on divise par un nombre quelconque 3 par exemple.

Le numérateur
Le dénominateur } d'une fraction $\dfrac{9}{12}$ Ce qui donne $\begin{cases} \dfrac{3}{12} \\ \dfrac{9}{4} \\ \dfrac{3}{4} \end{cases}$
Les deux termes

devient 3 fois plus petite.
La fraction devient 3 fois plus grande.
reste de même valeur.

Exercices.

1°. Un homme de confiance s'est chargé de faire la vendange d'un particulier, à condition que celui-ci lui abandonnerait le huitième du produit qui s'élève à 632864 litres de vin : combien de litres doit obtenir l'homme de confiance ?

2°. Connaissant les temps des révolutions des planètes, et sachant d'ailleurs que l'étendue de leurs révolutions autour du soleil est exprimée en lieues par les nombres suivans : Mercure, 84582117 ; Vénus, 158049043 ; la Terre, 218501984 ; Mars, 332926293 ; Jupiter,

1130197039 ; Saturne , 2083898519 ; Herschell, 4169411242 ; on demande combien chacune de ces planètes parcourt de lieues dans une seconde.

3° Le poids d'un pied cube des bois ci-après détaillés, est exprimé en grains par les nombres suivans : liége, 154829 ; peuplier, 247081 ; saule, 377395 ; noyer de France, 432876 ; érable, 487066 ; hêtre, 549642 ; buis, 588349 ; vigne, 856074 ; ébénier d'Amérique, 858655 ; cèdre de Palestine, 395459 ; cèdre des Indes, 848333 : on propose de convertir ces nombres de grains en nombres complexes; c'est-à-dire en nombres exprimés par livres , onces , gros , grains.

4° Il y a assez de vivres dans une ville assiégée, pour alimenter pendant six mois, une garnison de 4807 hommes ; à combien faut-il réduire cette garnison , pour qu'elle puisse subsister pendant 11 mois, que doit durer le blocus de la place?

5° Une bombe de 8 pouces pèse 42 livres. Un officier d'artillerie doit faire transporter 5954 bombes ; combien doit-il commander de chevaux , sachant que les voitures de transport doivent peser le tiers de la charge à transporter, et qu'un cheval de trait peut tirer un poids de 2450 livres.

DIVISION DES FRACTIONS.

67. Un ouvrier travaille le lundi ; il se retire à 2 heures , au coup de cloche du dîner ; il a donc travaillé

(85)

6 heures , ou $\dfrac{6}{10}$ de jour ;

Il a été payé 3 francs.

Que gagne-t-il par jour?

L'enfant de cet ouvrier se retire à 9 heures , au coup de cloche du déjeuner; il a donc travaillé 3 heures , ou $\dfrac{3}{10}$ de jour ;

Il a été payé 4 sols et demi , ou $\dfrac{9}{40}$ de franc.

Que gagne-t-il par jour?

Pour l'ouvrier,

3 fr. est $\dfrac{6}{10}$ du gain du jour, c'est le produit de ce gain par $\dfrac{6}{10}$

Pour l'enfant,

$\dfrac{6}{40}$ fr. est $\dfrac{3}{10}$ du gain du jour, c'est le produit de ce gain par $\dfrac{3}{10}$

Ces questions considérées sous le simple rapport numérique sont donc celles-ci :

$\left.\begin{array}{c} 3 \text{ fr.} \\[2em] \dfrac{9}{40} \end{array}\right\}$ est un produit. $\left.\begin{array}{c} \dfrac{6}{10} \\[1em] \dfrac{3}{10} \end{array}\right\}$ est l'un de ses facteurs ; on

demande l'autre facteur.

C'est une division d' $\begin{array}{c}\text{un nombre entier}\\\text{une fraction}\end{array}$ par une fraction.

Pour faire cette opération, voilà comment on raisonnera :

1° Puisque le quotient multiplié par $\dfrac{6}{10}$ donne 3, 3 est $\dfrac{6}{10}$ du quotient ;

Donc $\dfrac{1}{6}$ de 3 ou $\dfrac{3}{6}$ est $\dfrac{1}{10}$ du quotient ; donc dix fois $\dfrac{3}{6}$ ou $\dfrac{3 \times 10}{6}$ est le quotient :

La journée de l'ouvrier est $\dfrac{3 \times 10}{6} = \dfrac{30}{6} = 5$ fr.

2° Puisque le quotient multiplié par $\dfrac{3}{10}$ donne $\dfrac{2}{40}$, $\dfrac{9}{40}$ f. est $\dfrac{3}{10}$ du quotient ;

Donc $\dfrac{1}{3}$ de $\dfrac{9}{40}$ ou $\dfrac{9}{40 \times 3}$ est $\dfrac{1}{10}$ du quotient ; donc $\dfrac{9}{40 \times 3} \times 10 = \dfrac{9 \times 10}{40 \times 3}$ est le quotient ;

La journée de l'enfant est
$$\dfrac{9 \times 10}{40 \times 3} = \dfrac{90}{120} = \dfrac{9}{12} = \dfrac{3}{4} \text{ fr.} = 15 \text{ sols.}$$

Pour diviser $\left.\begin{array}{c}3\\[4pt]\dfrac{9}{40}\end{array}\right\}$ par $\left\{\begin{array}{c}\dfrac{6}{10}\\[4pt]\dfrac{3}{10}\end{array}\right.$

On voit qu'il faut faire comme si on devait

$$\text{Multiplier} \begin{Bmatrix} 3 \\ \dfrac{9}{40} \end{Bmatrix} \text{ par } \begin{Bmatrix} \dfrac{10}{6} \\ \dfrac{10}{3} \end{Bmatrix}$$

d'où résulte cette règle.

Pour diviser par une fraction , il faut multiplier le dividende par la fraction du diviseur renversée.

Si l'on avait une fraction $\dfrac{3}{4}$ à diviser par un entier 7, il faudrait rendre la fraction 7 fois plus petite ; pour cela on multiplierait le dénominateur par 7 ; on aurait

$$\frac{3}{4\times 7}=\frac{3}{28}$$

Quand des entiers accompagnent les fractions

$$\left(3+\frac{2}{5}\right) : \left(2+\frac{3}{4}\right)$$

On réduit le dividende et le diviseur à des nombres fractionnaires $\dfrac{17}{5}:\dfrac{11}{4}$.

DIVISIONS DES NOMBRES DÉCIMAUX.

68. Soient les nombres 3,75 , 2,4 ; mettons-les sous la forme $\dfrac{375}{100}$ $\dfrac{24}{10}$: appliquons la règle

$$3,75 : 2,4 = \frac{375}{100}:\frac{24}{10}=\frac{375\times 10}{100\times 24}=\frac{3750}{2400}=\frac{375}{240}$$

C'est une nécessité de ce calcul, que celui des deux nombres décimaux qui avait le moins de chiffres décimaux, se trouve terminé dans le résultat par un zéro, qui mis à la suite du nombre décimal tel qu'il a été donné, aurait rendu le nombre de ces chiffres décimaux égal à ceux de l'autre. Or la fraction $\frac{375}{240}$, qu'on trouve pour résultat est le quotient de 375 par 240 ; d'où il résulte cette règle :

Rendez le nombre des chiffres décimaux le même dans le dividende et dans le diviseur, en écrivant des zéros à la suite de celui qui en a le moins. Divisez après cette préparation sans tenir compte de la virgule.

69. Lorsqu'un quotient n'est pas entier on peut le compléter par des décimales soit : 44 à diviser par 3.

$$\begin{array}{c|c} 44 & 7 \\ 2 & 6+\frac{2}{7} \end{array}$$

Supposons qu'on veuille compléter le quotient

en dixièmes,   en centièmes,   en millièmes.

Pour cela écrivons la fraction complémentaire $\frac{2}{3}$ de la manière suivante :

$$\frac{20}{7}, \qquad \frac{200}{7}, \qquad \frac{2000}{7};$$

on la rend ainsi :

10,   100,   1000 fois plus

grande.

Or, en extrayant les entiers que cette fraction contient on a

2 ,   28 ,   285 ,

rendant ces nombres

10 ,   100 ,   1000 fois plus

petits.

On aura pour valeur de la fraction

0,2 ,   0,28 ,   0,285 ,

qui expriment la valeur de la fraction à moins de

un dixième ,   un centième ,   un millième près.

Le quotient demandé sera donc

6,2 ,   6,28 ,   6,285.

En se rappelant que 2 est le reste de la division et que 7 est le diviseur, on énoncera cette règle.

Pour évaluer un quotient avec des décimales, il faut ajouter à la suite du reste, autant de zéros qu'on veut de chiffres décimaux au quotient , et continuer la division jusqu'à l'épuisement des zéros.

NOMBRES COMPLEXES.

70. Il y a des occasions où il faut savoir obtenir un quotient avec approximation en fractions ordinaires. Le plus souvent cela arrive dans le calcul des nombres qui représentent d'anciennes mesures et qu'on appelle *complexes*. Nous allons en donner quelques exemples.

1° La toise d'une certaine maçonnerie se paie 4^{tt} 6^s, ou en réduisant $\frac{86}{20}$ de livres; que doit-on payer pour 12^t 5^{pi}, ou $\frac{77}{6}$ de toise ? Pour résoudre la question, il faut multiplier $\frac{86}{20}$ fr. par $\frac{77}{6}$ ce qui donne $\frac{6622}{120}$ de livres. Maintenant il faudra évaluer cette fraction en livres et sols, ou vingtième de livres.

$$\begin{array}{r|l} 6622 & 120 \\ 522 & 54 \\ 42 & \end{array}$$

De même que pour évaluer un quotient en dixièmes, on multipliait le reste par 10, et l'on comptait le chiffre obtenu au quotient pour des dixièmes; il faudra pour évaluer en vingtièmes, multiplier le reste 42 par 20, et compter le quotient qu'on obtiendra pour des vingtièmes de livre.

$$\begin{array}{r|l} 6622 & 120 \\ 522 & 54^{tt} \quad 7^{s}. \\ 42 & \\ 20 & \\ \hline 840 & \\ 000 & \end{array}$$

Le prix de la maçonnerie est donc de 54^{tt} 7^s.

2° On a payé 54^{tt} 7^s un certain nombre de toises, à 4^{tt} 6^s la toise. Quel est ce nombre de toises ?

La quantité cherchée ici est le quotient de 54^{tt} 7^s par 4^{tt} 6^s; elle doit être cherchée en unités et sixièmes d'unités. Réduisons les nombres donnés en fractions équivalentes ; nous trouverons pour $54^{tt} 7^s$, $\dfrac{1087}{20}$ de livres, et pour $4^{tt} 6^s$, $\dfrac{86}{20}$ Il faut diviser la première fraction par la seconde ; on trouve en réduisant $\dfrac{1087}{86}$. Exécutant la division indiquée et évaluant en sixièmes de toises, ce qui se fera en multipliant le reste par 6 et continuant la division, on trouve, que le nombre de toises de maçonnerie est de $12^t 5^{pi}$.

Dans ce qui précède, se trouve renfermé le *calcul des nombres complexes*.

Nous ne pousserons pas plus loin ces exemples, qui suffisent bien pour montrer comment on calcule les nombres complexes, et nous passerons aux méthodes pour simplifier les fractions.

RÉDUCTION DES FRACTIONS ORDINAIRES.

Nous avons déjà vu qu'on peut diviser les deux termes d'une fraction par un même nombre, sans altérer sa valeur. Pour pouvoir appliquer ce procédé, il faut savoir reconnaître les caractères de divisibilité des nombres, par les nombres simples, 2,4,8,9,5, etc.

71. Tout nombre terminé par un chiffre pair est divisible par 2.

Tout nombre terminé par deux chiffres formant un nombre divisible par 4, est divisible par 4.

En effet ces nombres sont la somme de deux parties, dont chacune est divisible par 2, pour le premier et par 4, pour le second. Les deux parties du premier sont les dizaines et le chiffre des unités ; les deux parties du second sont les centaines et le nombre composé des deux derniers chiffres.

Tout nombre terminé par 5 ou par o, est divisible par 5. Car ou bien il se compose de deux parties dont chacune est divisible par 5, ou bien il est un nombre de dizaines lequel est toujours divisible par 5.

Tout nombre dont la somme des chiffres pris avec leur valeur absolue, est divisible par 9 ou par 3, est divisible par 9 ou par 3. Soit le nombre 2538 qui remplit cette condition. Il est décomposable ainsi qu'il suit ; $2000 + 500 + 30 + 8$ ou bien $2 \times 1000 + 5 \times 100 + 3 \times 10 + 8$.

Mais 1000 valant $999 + 1$ est un multiple de 9 ou de 3 augmenté de 1 ; donc 2000 est un multiple de 9 ou de 3 augmenté de 2. De même 500, 30 sont des multiples de 9 ou de 3 augmentés l'un de 5 l'autre de 3 ; par conséquent le nombre total $2000 + 500 + 30 + 8$ se compose d'une somme de multiples de 9 ou de 3 augmentés de $2 + 5 + 3 + 8$; donc ce nombre est un multiple de 9 ou de 3, augmenté de la somme de ses chiffres significatifs ; donc si cette somme est elle-même multiple de 9 ou de 3, le nombre dans sa totalité est divisible par 9 ou par 3.

72. La connaissance des caractères de divisibilité évitera de faire des tentatives infructueuses, lorsque pour simplifier une fraction ou les deux termes d'une division, savoir le dividende et le diviseur, on exécutera sur les deux termes des divisions successives. Mais pour arriver à ces simplifications d'une manière plus rapide, on divise tout de suite les deux termes, par le nombre

le plus grand qui puisse les diviser à la fois. Ce plus grand nombre s'appelle *le plus grand commun diviseur* de deux nombres; nous allons montrer comment on le trouve.

Soient les deux nombres 675 et 315, *l. p. g. c. d.* de ces deux nombres pourrait être 315; on s'assurera qu'il en est ou n'est pas ainsi, en divisant 675 par le plus petit nombre 315.

$$\begin{array}{r|c|c} 675 & 315 & 45 \\ 45 & \overline{2} & \overline{7} \end{array}$$

315 n'est pas *l. p. g. c. d.* On trouve un reste 45. Or *l. p. g. c. d. des deux nombres 675 et 315, est le même que l. p. g. c. d. du plus petit de ces nombres 315 et du reste 45 de leur division.* En effet de la division ci-dessus il résulte que

675 = 315 × 2 + 45; *l. p. g. c. d.* étant contenu un nombre exact de fois, dans 315 × 2 + 45, et dans l'une des deux parties de ce nombre, 315 × 2, est nécessairement contenu un nombre exact de fois dans 45; *l. p. g. c. d.* des deux nombres divise donc le reste de la division de ces deux nombres. Il est donc diviseur commun entre le plus petit de ces nombres et le reste; donc il ne saurait surpasser *l. p. g. c. d.* entre ces deux derniers nombres. Réciproquement *l. p. g. c. d.* du reste 45 et du plus petit nombre, étant contenu exactement dans 315 × 2 + 45 et par conséquent dans 675, est donc diviseur commun entre les deux nombres donnés. Donc il ne saurait surpasser *l. p. g. c. d.* entre ces nombres. Ces deux *p. g. c. d.* ne pouvant se surpasser l'un l'autre,

sont donc un seul et même nombre. *Ainsi l. p. g. c. d. de deux nombres est le même que l. p. g. c. d. du plus petit nombre et du reste de la division.* De là il résulte la nécessité de diviser le plus petit nombre 315 par le reste 45. La division est exacte ; donc 45 est *l. p. g. c. d.* cherché. Si la division donnait un reste, on serait amené à diviser le premier reste par celui-ci ; car *l. p. g. c. d.* de ces deux restes serait *l. p. g. c. d.* des deux nombres donnés. On fera récapituler le procédé.

En divisant d'une seule fois les deux termes de la fraction $\dfrac{315}{675}$ par 45, on la réduira à $\dfrac{7}{15}$; on prouvera plus tard que cette fraction ne saurait affecter une forme plus simple. Mais dès à présent on voit que ces deux termes ne peuvent plus être divisés par un même nombre. En effet si un nombre 2 pouvait diviser les deux termes de la fraction $\dfrac{7}{15}$, c'est qu'on pourrait l'écrire sous la forme $\dfrac{a \times 2}{b \times 2}$, a et b représentant les quotiens respectifs de 7 et 15 par 2. En multipliant les deux termes de $\dfrac{a \times 2}{b \times 2}$ par 45, *l. p. g. c. d.*, ce qui donnerait $\dfrac{a \times 2 \times 45}{b \times 2 \times 45}$, on devrait reproduire la fraction $\dfrac{315}{675}$. Les deux termes de cette fraction seraient donc divisibles par 2×45, ou, en d'autres termes, *l. p. g. c. d.* des nombres 675 et 315 serait plus grand que 45, ce qui n'est pas.

Les deux nombres 7 et 15 qui n'ont aucun facteur commun, sont dits *premiers entre eux.* Lorsqu'on cherche *l. p. g. c. d.* de deux nombres de cette nature, le procédé conduit nécessairement à l'unité, seul nombre entier qui puisse être exactement contenu dans l'un et l'autre.

73. Le quotient de deux nombres, 12 et 8, soit qu'on le présente sous la forme explicite d'un nombre entier ou d'un nombre entier complété par une fraction; soit qu'il s'offre sous la forme implicite d'une seule fraction, s'appelle aussi *rapport de deux nombres*. Il se note ainsi, $12 : 8$ ou $\dfrac{12}{8}$ comme le quotient des deux nombres, et il s'énonce 12 est à 8, ce qui est l'abregé de rapport de 12 à 8. D'après ce qui a été dit ci-dessus, on voit qu'on peut multiplier ou diviser les deux termes d'un rapport par un même nombre entier, sans altérer ce rapport. Il en est de même quand le multiplicateur ou le diviseur est une fraction. En effet prenons $\dfrac{2}{3}$ pour multiplicateur.

$$\frac{12}{8} \text{ devient } \frac{12 \times \frac{2}{3}}{8 \times \frac{2}{3}} = \frac{\frac{12 \times 2}{3}}{\frac{8 \times 2}{3}}$$

Or, ceci est l'indication de la division entre les deux fractions $\dfrac{12 \times 2}{3}$ et $\dfrac{8 \times 2}{3}$. En exécutant cette division, on trouve $\dfrac{12 \times 2 \times 3}{8 \times 2 \times 3}$. Ce résultat représente le rapport même $\dfrac{12}{8}$, dont les deux termes sont multipliés par un même nombre entier 2×3.

Exercices.

74. 1° La lumière met 8 minutes 13 secondes à parcourir la distance 34700000 lieues du soleil à la terre : on demande 1° combien de fois sa vitesse est plus grande que celle d'un boulet qui parcourt moyennement 360 mètres dans la 1re seconde de sa course ; 2° combien elle parcourt de lieues ordinaires et de myriamètres dans une minute et dans une seconde ; 3° quel temps elle mettrait pour arriver de l'étoile la moins éloignée de nous ; étoile dont la distance ne saurait être moindre de 3,560,000,000,000 de lieues.

2° Pour juger la vitesse d'une *locomotive* sur chemin de fer, on élève son arrière-train de manière que les roues motrices ne touchent point le sol, et on fait agir la vapeur qui met ces roues en mouvement. On a compté 95 tours de roue dans une minute, la roue a 5 pieds de diamètre extérieur. Combien de lieues ordinaires, combien de lieues de poste, fera la locomotive par heure ?

3° Pour mesurer l'épaisseur d'une lame mince, on la pose sur une surface plane entre les trois pieds qui supportent une vis verticale. Après avoir tourné la tête circulaire de la vis jusqu'à ce que la pointe touche la lame, on retire cette lame et on observe que la tête de la vis tournera encore de 75° 55' pour arriver au contact de la surface plane. On demande l'épaisseur de la lame, 1° en millimètres, 2° en lignes ; sachant que la vis verticalement de 7 , 25 millimètres par tour entier de la tête de vis.

4° Un épicier a du café qu'il vend, argent comptant, à raison de 125 francs le quintal ; mais en *troc*, il veut en avoir 134 francs. Un autre a de l'indigo qu'il vend comptant 9 livres 10 sous la livre ; combien celui-ci doit-il vendre en *échange*, son indigo, pour n'être point trompé.

5° De deux négocians, l'un a de l'étain qu'il veut vendre 8 sous la livre, argent comptant, et qu'en *échange* il fait valoir 10 sous ; l'autre a du cuivre qui vaut 26 sous argent comptant, et qu'en *troc* il estime 30 sous ; on demande lequel des deux gagne à l'échange.

6° L'an du monde 2987 , David, roi des Juifs, ayant fait faire le dénombrement du pays d'Israël et de Juda, trouva plus de 1,070,000 hommes en état de porter les armes. Quelle était la population du royaume de David, en admettant en général que les $\frac{4}{25}$ d'une population guerrière marquent le nombre d'hommes qui se livrent à la guerre.

QUESTIONS DE BANQUE ET DE COMMERCE.

75. Nous allons appliquer l'arithmétique à la résolution de certaines questions plus générales que les applications particulières que nous avons données jusqu'ici : ce sont les questions d'*intérêt*, d'*escompte* et de *société*. Nous nous servirons de ces questions pour faire com-

prendre l'avantage que présente l'emploi des signes, dans la résolution des questions de nombre. Pour cela, nous donnerons en même temps la solution arithméti-que et la solution algébrique.

QUESTION D'INTÉRÊT.

Quand on *prête* 100 francs à un homme, il donne tous les ans 4, 5 ou 6 francs au *prêteur* jusqu'au rembour-sement du prêt. Cette somme de 4, 5, 6 francs est *l'intérêt* des 100 francs prêtés ; on l'appelle *taux* de l'intérêt de l'argent.

Le prêt à intérêt est légitime ; car la somme prêtée fournit à l'emprunteur des moyens de travail, dont il tire un argent qu'il n'aurait pu gagner sans le prêt ; il est juste qu'il rémunère le prêteur, par une portion de l'ar-gent qu'il gagne. Le prêt à intérêt est utile, car il met en œuvre l'industrie de beaucoup d'hommes qui n'ont point de capitaux, et cette industrie tourne au profit de la société toute entière.

Un homme prête 4715 fr. $= s$ fr.

Le taux de l'intérêt est 5 fr. $= i$ fr., c'est-à-dire que 5 fr. est l'intérêt de 100 fr.

Quel intérêt total touchera-t-il au bout de 2 ans $= t$?

Au bout de $\begin{array}{l} 2 \text{ ans } 100 \text{ fr.} \\ t \text{ ans } 100 \text{ fr.} \end{array}$ rapportent $\begin{array}{l} 5 \text{ f.} \times 2 = 10 \text{ f.} \\ i \text{ f.} \times t = it. \end{array}$

Donc, selon que la somme $\dfrac{4715}{s}$ se composera de une fois, une fois trois quarts, deux fois, deux fois et demie, etc., la somme 100 fr. ; l'intérêt cherché se composera de une fois, une fois trois quarts, deux fois, deux fois et demie, etc., $\dfrac{10}{it}$ fr. . L'intérêt se trouvera donc en multipliant $\dfrac{10}{it}$

Par le quotient
$$\begin{cases} \dfrac{4715}{100} = 47,15 \\[2ex] \dfrac{s}{100} \end{cases}$$

Qui exprime la composition de la somme prêtée $\dfrac{4715}{s}$ en sommes de 100 fr. On aura donc pour l'intérêt demandé :

Solution arithmétique $\qquad 10 \times 47,15 = 471,50.$

Solution algébrique $\qquad it \times \dfrac{s}{100} = \dfrac{its}{100}$

Les deux solutions $\qquad 471,50 \qquad \dfrac{its}{100}$

ont chacune leur caractère.

La première donne le résultat numérique cherché, propre aux nombres particuliers de la question.

La seconde ne donne aucun résultat numérique ; mais elle indique en abrégé la suite des opérations à faire, pour composer le résultat numérique dans une question quelconque d'intérêt, quels que soient les nombres de cette question. C'est pour cela que $\dfrac{its}{100}$ s'appelle une *formule*.

La première solution a bien moins d'avantages que la seconde ; car elle ne donne aucun renseignement pour résoudre toute autre question d'intérêt dont les nombres différeraient de ceux qu'elle présente, tandis que la seconde reproduira quand on le voudra le nombre donné dans la première ; pour cela, il suffira d'exécuter, sur les nombres de la question , les calculs qu'indique la formule

$$\frac{its}{100}=\frac{5\times 2\times 4715\times 4}{100}=471,50$$

QUESTION D'ESCOMPTE.

76. Pour la facilité du commerce , les marchands, en échange de leurs marchandises, reçoivent, au lieu d'argent comptant, un engagement écrit, signé de l'acheteur, de payer telle valeur d'argent à telle époque. Cet engagement écrit s'appelle *billet*.

Si le marchand détenteur du billet a besoin d'argent comptant avant l'époque où le billet est payable , époque qu'on nomme son *échéance*, il va trouver un *banquier* qui lui *escompte* son billet ; c'est-à-dire qui lui donne la valeur du billet en argent , en faisant une retenue. Cette retenue se règle sur le taux d'intérêt de l'argent, et sur le plus ou moins de temps à courir jusqu'à l'échéance ; elle se nomme *escompte* du billet.

L'intérêt de l'argent étant à 6 p. $\frac{0}{0}$ par an, l'escompte d'un billet de 106 francs payable dans un an, serait de 6 francs, le porteur du billet recevrait 100 francs ar-

gent. Cette somme en effet, placée au moment où il la re-
çoit, produirait au bout de l'année 106 francs comme
son billet.

Le taux de l'intérêt est   6 fr. $= i$ fr.
Le billet est de   1680 fr. $= b$.
Il est payable dans   2 ans $= t$.

Quel est l'escompte du billet, ou la retenue que fera
le banquier pour l'escompter en argent ?

Sur un billet de $\dfrac{100 + 6 \text{ fr.}}{100 + i \text{ fr.}}$, payable dans un an, l'es-

compte serait de $\dfrac{6}{i}$ fr. ;

Donc sur un billet de $\dfrac{100 + 6 \text{ fr.} \times 2}{100 + i \text{ fr.} \times t}$, payable dans

$\dfrac{2 \text{ ans}}{t \text{ ans}}$, il sera de $\dfrac{6 \times 2 = 12}{i \times t = it}$;

Pour le billet total $\dfrac{1680}{b}$, l'escompte $\dfrac{12}{it}$ fr. devra

être multiplié par le nombre qui exprime quelle est la

composition de $\dfrac{1680}{b}$ en billets de $\dfrac{100 + 12 = 112}{100 + it = 100 + it}$;

c'est-à-dire, par le quotient de $\dfrac{1680}{b}$ par le nombre

$\dfrac{112}{100 + it}$.

Ce quotient est $\left\{ \dfrac{\dfrac{15}{b}}{100 + it} \right.$,   l'escompte sera donc

$$12 \times 15 = 180 \qquad\qquad it \times \dfrac{b}{100 + it} = \dfrac{itb}{100 + it}.$$

Mêmes remarques que ci-dessus sur les caractères propres à chacune de ces solutions.

Dans la banque l'escompte ne se fait pas et ne doit pas se faire comme il vient d'être expliqué. En effet, si le banquier échange le billet 100+6 pour 100 francs d'argent, il ne fera que placer son argent comme le ferait un particulier ; son industrie et les frais qu'elle entraîne ne seront point payés.

Le banquier donne sur un billet de 100 francs 100 — 6 fr. ; cela revient à placer son argent à un taux plus élevé que 6 fr. p. o/o, l'élévation du taux est son bénéfice. C'est cet escompte usuel qu'on appelle escompte *en dehors*.

Les élèves s'exerceront sur les questions suivantes, en résolvant directement par l'arithmétique, et indirectement par l'algèbre ; à chaque fois ils substitueront les nombres dans la formule, qui devra donner le même résultat numérique que la solution directe.

APPLICATIONS.

77. 1° Quel est le capital, qui, prêté à 4 et $\frac{1}{2}$ p. $\frac{0}{0}$ produit un intérêt annuel de 114 fr. o3 c. ?

2° Un capital de 1863 francs fournit une rente annuelle de 13o francs 41 centimes : quel est le *taux* du prêt ?

3° Quel est le capital qui placé à 5 et $\frac{1}{2}$ pour $\frac{0}{0}$ produit 81 francs 18 centimes d'intérêt dans 5 mois ?

4° Pendant combien de temps faut-il qu'un capital de 7200 francs reste placé à 4 ¾ p. °/₀, pour fournir une rente de 541 francs 50 centimes ?

5° On a placé une somme à 4 pour °/₀. Au bout de 7 ans le débiteur doit, tant en capital qu'en intérêt, 1952 francs ; quel était le capital placé ?

6° La maison de commerce Beaumarchais, a fait à la maison Duvernay les avances suivantes :

Le 31 décembre 1820	4290 francs ;
10 janvier 1821	500 francs ;
20 février	900 francs ;
15 mars	800 francs ;
25 avril	2500 francs ;
10 mai	2050 francs.

On demande ce que la maison Duvernay doit en intérêts à 6 pour °/₀ au 31 juillet 1821, à la maison Beaumarchais.

7° De combien faut-il souscrire un billet à un an de crédit, pour un prêt de 5025 francs 54 centimes, l'escompte en dehors étant convenu à 5 ¼ pour °/₀ ?

8° Quel est le temps du crédit, lorsque pour un prêt de 1511 francs 50 centimes, à l'escompte en dehors de 6 p. °/₀, l'emprunteur souscrit un billet de 1700 francs ?

9° A combien se réduit en argent un billet de 4250 francs à l'escompte en dehors de 7 ½ p. °/₀ et à 11 mois de crédit, si le débiteur le paie 4 mois avant l'échéance ?

10° A quel taux est l'escompte en dehors, lorsque pour un prêt de 9506 francs 25 centimes, on fait sous-crire un billet de 10800 francs payable dans 23 mois ?

QUESTION DE SOCIÉTÉ.

78. Lorsque plusieurs personnes associent leurs capi-taux et leur industrie dans des entreprises quelconques, elles partagent les gains ou supportent les pertes, selon la mise et même selon l'industrie de chacun ; car quel-quefois l'industrie est évaluée à la manière des capi-taux. Ce partage fait l'objet de la *règle de société*.

Trois personnes s'étant associées ont formé un capi-tal de 28000 fr. $= c$.

Les mises de ces personnes sont

$$12000 \text{ fr.}, \quad 9000 \text{ fr.}, \quad 7000 \text{ fr.}, \qquad \text{ou} \qquad m', m'', m'''.$$

Comment doivent-elles se partager entre elles un di-vidende montant à

$$18000 \text{ fr.} \qquad\qquad \text{ou} \qquad\qquad D$$

Je laisse cette question générale à traiter aux élèves ; je me contente d'en écrire la solution algébrique. Les parts des trois personnes seront :

$$\frac{Dm'}{c} \qquad\qquad \frac{Dm''}{c} \qquad\qquad \frac{Dm'''}{c}$$

Les élèves s'exerceront sur les questions suivantes.

79. 1° Quatre négocians ont fait une mise égale de fonds ; mais le premier a laissé les siens dans la société, pendant 18 mois, le second, 13 mois, le troisième, 11 mois, et le quatrième, 7 mois : le bénéfice est de 4263 francs ; quelle est la part de chacun dans ce bénéfice ?

2° Un marchand fait mélange de divers vins pour le détail :

120 litres de vin de Bourgogne au prix de
la pièce de 230 litres   150 fr.
60 litres de vin du midi, *id.*   245 litres 132 fr.
130 litres de vin de Beaugency, *id.* 225 litres 146 fr.
8   litres d'eau-de-vie à, le litre,   1 fr. 25 c.

Le marchand doit gagner pour son industrie, pour le capital engagé dans son commerce et pour ses frais, un intérêt de 15 pour $\frac{0}{0}$ sur le prix total du mélange.

Combien doit-il vendre le litre ?

Combien doit-il vendre la bouteille ?

3° Un fondeur jette au creuset :

Risdales de Danemark au titre de 0,875
et au poids de   29 gr. 726.
Roubles de Russie au titre de 0,750
et au poids de   44 gr. 011.
Piastres de Turquie au titre de 0,500
et au poids de   18 gr. 015.

Quel poids et quel prix d'argent pur doit-il ajouter, pour faire de l'argent de France et des pièces de 5 fr. ; et combien y aurait-il de pièces de 5 francs au titre de 0,900 dans le lingot ; l'argent pur coûte 222 fr. 22 c. le kilogramme ?

4° Une baignoire contient 13 seaux d'eau à 10 litres ; on a déjà mis dans la baignoire 9 seaux d'eau à 37 dégrés, combien faudra-t-il ajouter d'eau à 12 degrés, pour mettre le bain à 29 degrés, et combien faudra-t-il ensuite ôter d'eau du mélange, pour n'avoir que la quantité d'eau convenable ?

On sait que deux quantités d'eau mélangées à des températures différentes, donnent au mélange une température égale à la température moyenne entre toutes les températures qu'on peut attribuer à chacune des unités de liquide de ces deux quantités d'eau.

5° On sait que la vitesse de rotation d'un point de l'équateur est de 6 lieues par minute, comment retrouvera-t-on le rayon de la terre ?

6° Un oncle laisse par testament, 360000 fr. à cinq neveux, à condition que plus ils auront d'âge, moins ils auront d'argent ; on demande la part de chacun. Le premier est âgé de 30 ans, le second de 20 ans, le troisième de 18, le quatrième de 12, le cinquième de 10 ans.

7° Pour essayer une pièce d'artillerie, on a tiré avec elle 100 coups, dont 18 ont porté à 632 mètres, 25 à 628 mètres, 53 à 620 mètres et 4 à 640 ; on demande quelle est la portée moyenne de cette pièce ?

8° Dans une dépense que trois personnes devaient se partager également, la première a payé $225\frac{4}{8}$; la deuxième, $111\frac{1}{2}$; la troisième, $39\frac{3}{4}$.

Comment le compte sera-t-il réglé entre ces trois personnes ?

§ II.

DIVISION DES MONOMES.

80. Si l'on a à indiquer la division des deux nombres représentés par les monomes $20a^5b^5cd^5$, $4a^2b^5c$, on écrit $\dfrac{20a^5b^5cd^5}{4a^2b^5c}$. Exécuter la multiplication c'est retrouver le monome $5ab^2d^5$, dont le produit par $4a^2b^3c$ a donné $20a^5b^5cd^3$. En se rappelant comment ont été formés les divers facteurs qui entrent dans ce produit, on voit que pour retrouver les facteurs qui doivent composer le quotient, il faut diviser le coefficient du dividende par celui du diviseur, et retrancher les exposans du dividende de ceux du diviseur dans les mêmes lettres, écrivant au quotient les lettres du dividende qu'on ne trouve pas au diviseur.

On trouvera pour quotient $5ab^2d^5$.

DIVISION DES POLYNOMES.

81. Nous allons supposer maintenant que deux nombres à diviser sont exprimés par des polynomes $-6a^4 + 11a^5b - b^5a$, $-2a^2 + 3ab + b^2$. Pour rendre

plus facile l'intelligence de la règle à suivre, nous ferons la multiplication qui a donné le dividende :

$$-2a^2 + 3ab + b^2$$
$$3a^2 - ab$$

$$-6a^4 + 9a^3b + 3a^2b^2$$
$$+ 2a^3b - 3a^2b^2 - b^3a$$

$$-6a^4 + 11a^3b \qquad - b^3a.$$

Divisons le produit par $-2a^2 - 3ab + b^2$.

$$
\begin{array}{l|l}
-6a^4 + 11a^3b - b^3a & \\
+6a^4 - 9a^3b - 3a^2b^2 & \\
\hline
+ 2a^3b - 3a^2b^2 - b^3a & -2a^2 + 3ab + b^2 \\
- 2a^3b + 3a^2b^2 + b^3a & \overline{\quad 3a^2 - ab} \\
\hline
0 \qquad 0 \qquad 0 &
\end{array}
$$

L'artifice consiste à chercher dans le dividende un terme qui soit le produit d'un terme du diviseur, par un terme du quotient. Or, $-6a^4$ qui a le plus haut exposant de a dans le dividende, ne peut provenir que de $-2a^2$ qui a le plus haut exposant de a dans le diviseur, multiplié par le terme inconnu du quotient qui a le plus haut exposant de a. $-6a^4$ divisé par $-2a^2$ donne $+3a^2$; le signe $+$ parce que le produit $-6a^4$ ayant le signe $-$, l'un des facteurs $-2a^2$ a le signe $-$; ainsi, $+3a^2$ est un terme du quotient.

On multiplie le diviseur par ce terme, on le retranche

du dividende ; pour cela on écrit le produit sous le dividende en changeant les signes des termes , et l'on réduit.

On obtient ainsi un reste , qui est le produit du diviseur par tous les autres termes du quotient. En agissant sur ce reste , qu'on appelle dividende partiel, comme ci-dessus , on dit $+3a^5b$ (terme du plus haut exposant de a) divisé par $-2a^2$, donne pour quotient $-ab$; le signe $-$ parce que le produit $+2a^5b$ ayant le signe $+$, l'un des facteurs $-2a^2$ a le signe $-$. On écrit $-ab$ au quotient ; on multiplie le diviseur par le quotient, on retranche du dividende, on trouve 0 pour reste. Ce qui montre que $3a^2-ba$ est le quotient.

On remarquera ici la règle des signes qui s'énonce ainsi qu'il suit :

Un terme affecté du signe $+$, divisé par un terme affecté du signe $+$, donne un terme affecté du signe $+$.

Un terme affecté du signe $+$, divisé par un terme affecté du signe $-$, donne un terme affecté du signe $-$.

Un terme affecté du signe $-$, divisé par un terme affecté du signe $+$, donne un terme affecté du signe $-$.

Un terme affecté du signe $-$, divisé par un terme affecté du signe $-$, donne un terme affecté du signe $+$.

Cette règle est justifiée dans ces quatre cas comme on l'a justifiée plus haut, par la corrélation nécessaire entre le signe d'un produit et le signe de chacun de ses deux facteurs.

Pour assurer l'esprit des élèves sur la réalité des résultats obtenus par la division algébrique, on fera bien de donner des valeurs aux lettres, de substituer ces valeurs dans le quotient ; afin de faire voir que le nombre ainsi obtenu est le même qu'aurait donné l'arithmétique, si après avoir substitué aux lettres leurs valeurs dans le dividende et le diviseur, on avait ensuite fait la division numérique.

On proposera et l'on fera composer par les élèves eux-mêmes de nombreux exemples de division algébrique, pour faire ensuite exécuter les calculs.

Exemples :

$$(a^5 + 3a^2b + 3ab^2 + b^3) : (a^2 + 2ab + b^2).$$
$$(a^3 - 3a^2b + 3ab^2 - b^3) : (a^2 - 2ab + b^2).$$
$$(8a^3 - 12a^2b + 6ab^2 - b^3) : (2a - b).$$
$$(a^2 - b) : (a - b).$$
$$(a^2 + b^2) : (a + b).$$
$$(a^4 - b^4) : (a^2 - b^2).$$
$$(a^4 - b^4) : (a^2 + b^2).$$
$$(a^4 - b^4) : (a^3 + a^2b + ab^2 + b^3).$$
$$(a^4 - b^4) : (a - b).$$
$$(a^4 - b^4) : (a + b).$$

PROPORTIONS.

82. Lorsque quatre nombres $\genfrac{}{}{0pt}{}{18,6 \text{ et } 12,4}{a,b \text{ et } c,d}$ ont leurs rapports égaux, l'expression de cette égalité

$$18 : 6 = 12 : 4 \qquad 18 : 6 :: 12 : 4 \qquad \frac{18}{6} = \frac{12}{4}$$

$$a : b = c : d \qquad a : b :: c : d \qquad \frac{a}{b} = \frac{c}{d}$$

s'appelle proportion. Les 4 points se prononcent *comme*.
Les deux termes du milieu, ou le 1er conséquent et le
2e antécédent sont les moyens; les 2 termes des extrémités,
ou le 1er antécédent et le 2e conséquent sont les extrêmes.

L'égalité des deux fractions $\dfrac{a}{b}, \dfrac{c}{d}$ entraîne l'égalité des
deux produits ad, bc. Cela résulte de la réduction des
fractions au même dénominateur.

Ainsi, *dans une proportion, le produit des extrêmes est
égal au produit des moyens*; réciproquement, si quatre
nombres a, b, c, d sont tels que $ad = bc$, il en résulte
que $\dfrac{a}{b} = \dfrac{c}{d}$, ce qu'on voit en divisant les deux produits
par bd. Donc aussi, *quand le produit de deux nombres
égale le produit des deux autres*, $ab = cd$, *ces quatre
nombres forment une proportion*. Il y a proportion dans
l'ordre a, b, c, d; la propriété du produit des extrêmes
égal à celui des moyens est exclusivement caractéristi-
que; on l'appelle *propriété fondamentale des proportions*.

On exercera les élèves à faire la vérification de ces propriétés, sur un grand nombre d'exemples numériques
et algébriques. Voici un exemple algébrique :

$$b + c : b - c :: b^2 + c^2 + 2bc : b^2 - c^2.$$

83. En divisant le produit des extrêmes par un moyen,
on obtiendra l'autre moyen; de même pour un extrême.
Donc toute question entre quatre nombres dont l'un est
inconnu et qui mène à une proportion, est par cela même
résolue. On fera résoudre par les proportions les diverses

questions d'intérêt et d'escompte de société, traitées déjà par d'autres moyens plus directs.

84. Toute modification aux termes d'une proportion, qui laisse subsister soit l'égalité entre le produit des moyens et des extrêmes, soit l'égalité entre les rapports, n'altère par la proportionalité. De là résulte :

1° La possibilité d'intervertir de huit manières les termes d'une proportion $a : b :: c : d$. L'inversion qui donne $a : c :: b : d$ s'énonce ainsi : *Dans une proportion le rapport des antécédens égale celui des conséquens.*

2° La possibilité de *multiplier entre elles, terme pour terme, un nombre quelconque de proportions.*

$$a \ : b :: c \ : d$$
$$a' : b' :: c' : d'$$
$$a'' : b'' :: c'' : d''$$

$$aa'a'' : bb'b'' :: cc'c'' : dd'd'' \qquad \frac{aa'a''}{bb'b''} = \frac{cc'c''}{dd'd''}$$

Le premier rapport est encore égal au second, car : c'est le produit de trois rapports $\frac{a}{b}, \frac{a'}{b'}, \frac{a''}{b''}$ respectivement égaux aux rapports $\frac{c}{d}, \frac{c'}{d'}, \frac{c''}{d''}$ dont le produit forme le second. Si l'on suppose que les trois proportions sont identiques, la proportion résultant de leur produit sera $a^3 : b^3 :: c^3 : d^3$. Mettez cette proportion en regard de la proportion $a : b :: c : d$, vous conclurez que *lorsque quatre nombres sont en proportion, les racines du même degré de ces nombres sont en proportion.*

3º La possibilité d'accroître ou de diminuer les deux antécédens de une fois ou d'un nombre quelconque de fois le conséquent.

$$a : b :: c : d \qquad \begin{array}{l} a + b : b :: c + d : d \\ a - b : b :: c - d : d \end{array} \qquad \text{les deux}$$

rapports sont $\begin{array}{l}\text{augmentés d'un.}\\ \text{diminués d'un.}\end{array}$ Ils sont donc encore égaux entre eux, quoiqu'ils ne soient plus ce qu'ils étaient.

En écrivant les deux proportions ci-dessus de la manière suivante : $\begin{array}{l} a + b : c + d :: b : d , \\ a - b : c - d :: b : d , \end{array}$ l'on déduit celle-ci :

$$a + b : a - b :: c + d : c - d.$$

On fera énoncer aux élèves les propriétés qu'expriment ces trois dernières proportions, en les comparant à la proportion primitive :

$$a : b :: c : d \quad \text{et à celle} \quad a : c :: b : d \quad \text{qui s'en déduit.}$$

84. Lorsqu'on a une suite de rapports égaux :

$$\frac{a}{b} = \frac{a'}{b'} = \frac{a''}{b''} = \frac{a'''}{b'''}, \quad a : b = a' : b' = a'' : b'' = a''' : b'''$$

On peut écrire cette égalité :

$$\frac{a + a' + a'' + a'''}{b + b' + b'' + b'''} = \frac{a}{b}, \quad \text{qui s'énonce :}$$

La somme d'un nombre quelconque d'antécédens, est à la somme du même nombre de conséquens, comme un antécédent est à un conséquent.

En effet, dans la proportion $a : b :: a' : b'$, on prouverait comme ci-dessus que $a + a' : b + b' :: a : b :: a'' : b''$ donc $\dfrac{a + a'}{b + b'}$ est égal à chacun des rapports ci-dessus.

On prouvera qu'il en est de même de $\dfrac{a + a' + a''}{b + b' + b''} = \dfrac{a}{b}$.

Nous appliquerons quelques unes de ces propriétés des rapports égaux à la géométrie.

§ III.

DES LIGNES PROPORTIONNELLES.

THÉORÈME.   **Fig. 36.**

85. *Lorsque sur une ligne* AB *on marque des parties égales* AC, CD, DE *, etc., et que par les points de division* C, D, E, *etc., on mène des parallèles qui traversent une autre ligne* AB, *les parties* ac, cd, de, *etc., interceptées sur ces autres lignes, sont aussi égales entre elles.*

Cela se voit en menant les parallèles am, cn, dp, et prouvant que les triangles amc, cnd, dpe, etc., sont égaux.

Si les parties AC, CD, DE *ne sont pas égales entre elles, leurs rapports avec les parties respectives* ac, cd, de *seront égaux.*

$$\frac{AC}{ac} = \frac{CD}{cd} = \frac{DE}{de}$$

Car, si l'on choisit une ligne assez petite pour mesurer les parties AC, CD, DE, etc., soit AA′, cette unité de mesure, et que l'ayant portée sur les parties, on mène des parallèles, comme il est indiqué dans la figure, les parties ac, cd, de, se trouveront partagées en parties égales à aa'. On voit tout de suite que les rapports

$$\frac{AC}{ac} \qquad \frac{CD}{cd} \qquad \frac{DE}{de}$$

sont égaux au rapport $\dfrac{AA'}{aa'}$. Donc ils sont égaux entre eux.

Réciproquement, *si les rapports ci-dessus sont égaux, les lignes* Aa, Cc, Dd, *qui interceptent les parties* AC, ac; CD, cd; etc., *sont parallèles.*

Si l'on ajoutait ensemble plusieurs parties AC + CD . $ac + cd$, on verrait que le rapport

$$\frac{AC + CD}{ac + ad} \quad \text{ou} \quad \frac{AD}{ad}, \text{ est égal aux précédens.}$$

THÉORÈME. Fig. 37.

86. *Lorsqu'un système de lignes* AB, AD, AE, AF, *partant d'un point commun* A, *est traversé par des parallèles* PQ, pq, *les parties respectives* BD, bd; DE, de; EF, ef, *forment des rapports égaux.*

En effet, par b, d, menez à AD, AE, les parallèles bb', dd', vous aurez en vertu du théorème précédent $\frac{BD}{b'D} = \frac{BA}{bA}$, et parce que $b'D = bd$, $\frac{BD}{bd} = \frac{BA}{bA}$. De même, $\frac{DE}{d'E} = \frac{DA}{dA}$, et parce que $d'E = de$, $\frac{DE}{de} = \frac{DA}{dA}$. Et comme les deux rapports $\frac{BA}{bA}$, $\frac{DA}{dA}$ sont égaux, vous aurez $\frac{BD}{bd} = \frac{DE}{de}$. On prouvera de même que les autres rapports $\frac{EF}{ef}$, etc., sont égaux aux précédens.

PROBLÈME.   **Fig. 38.**

87. Les théorèmes précédens donnent les moyens :

1° *De partager une ligne* AB, *donnée de longueur, en parties égales ou en parties proportionnelles à plusieurs lignes ou nombres donnés*, m, n, p.

Par le point A on mènera une ligne indéfinie, sur laquelle, à partir de A, on portera à la suite les unes des autres les longueurs m, n, p, jusqu'en b ; on joindra le point b avec B ; et par les points de division marqués sur Ab, on mènera des parallèles à cette ligne de jonction ; les parties M, N, P formeront avec m, n, p les rapports égaux $\frac{M}{m} = \frac{N}{n} = \frac{P}{p}$.

2° *De trouver une longueur* q *qui soit quatrième proportionnelle à trois longueurs données* m, n, p.

Pour cela, ayant fait un angle quelconque BAC, on

portera , à partir de A , et à la suite l'une de l'autre, les deux longueurs m, n sur un des côtés AB, jusqu'en B ; sur l'autre côté ACa, à partir de A, on portera la troisième longueur jusqu'en c ; puis joignant c avec le premier point de division de AB, on mènera à la ligne de jonction la parallèle Ba ; la partie ca interceptée est la quatrième proportionnelle.

3° *De transformer un parallélogramme , un rectangle, un triangle, un trapèze , en l'une quelconque de ces quatre espèces de figures , dont on donnerait l'une des deux dimensions.*

Soit un parallélogramme dont la hauteur est H et la base B, à changer dans un triangle dont la base soit B'.

Si x représente la hauteur cherchée du triangle à construire, on a l'équation $\frac{1}{2} x \times B' = H \times B$; il y a donc entre les quatre lignes B , H , B', $\frac{1}{2} x$, la proportion $\frac{B'}{B} = \frac{H}{\frac{1}{2}x}$. La moitié de la ligne cherchée est donc une quatrième proportionnelle aux trois lignes connues B', B, H.

Les élèves feront d'eux-mêmes les autres transformations.

Remarquez que la formule algébrique qui représente la ligne $\frac{1}{2} x$, donnée *géométriquement* par une quatrième proportionnelle , est $\frac{B \cdot H}{A}$.

4° *De changer une combinaison quelconque de somme ou de différence de plusieurs surfaces données , chacune par ses deux dimensions, en une surface unique dont une dimension est donnée.*

Soient a, b, c, etc. , des lignes qui représentent les dimensions des surfaces données ab, bc, a^2 ; et soit $ab - bc + a^2$ la combinaison d'addition et de soustraction entre les unités superficielles de ces surfaces ; soit d la dimension donnée de la surface qui doit équivaloir à la combinaison $ab - bc + a^2$; x étant la dimension cherchée, ax vaut en unités superficielles $ab - bc + a^2$. Donc, la longueur x cherchée a autant d'unités linéaires que la formule $\dfrac{ab - bc + a^2}{b}$ représente d'unités abstraites. Or, cette formule équivaut successivement à $\dfrac{ab}{b} - \dfrac{bc}{b} + \dfrac{a^2}{b} = a - c + \dfrac{a^2}{b}$. La partie $a - c$ est connue géométriquement, puisque les longueurs a, c sont données, les unités linéaires renfermées dans $\dfrac{a^2}{b}$ forment une longueur quatrième proportionnelle aux longueurs b, a, a, ou selon le langage adopté, une deuxième proportionnelle aux deux longueurs b, a. Donc la règle et le compas suffisent pour faire la transformation demandée.

Les élèves doivent remarquer dans ce qui précède, les premiers rudimens de l'application de l'algèbre à la géométrie.

SIMILITUDE DES FIGURES.

88. Dans la pratique, on observe certains caractères qui accompagnent nécessairement la ressemblance des figures dessinées sur des plans, comme il arrive des portraits plus ou moins réduits d'après un original commun ; c'est l'égale inclinaison des lignes correspondantes de ces

figures, ainsi que l'égalité de rapport numérique qui existe toujours entre leurs mesures. Ces caractères mêmes sont la définition de la similitude géométrique. Les lignes correspondantes sont appelées *homologues*, et l'on dit que :

DÉFINITION.

Deux figures qui ont les angles égaux et les côtés proportionnels, — sont semblables.

Il résulte de là que :

THÉORÈME.

Deux polygones réguliers d'un même nombre de côtés, — sont semblables.

Il en résulte encore que :

Des cercles sont des figures semblables.

En effet, imaginez que tous ces cercles soient concentriques, et qu'on ait inscrit dans l'un d'eux un polygone régulier quelconque. En joignant au centre commun les sommets de ce polygone, par des rayons prolongés qui couperont toutes les circonférences, puis, dans chaque circonférence, joignant de proche en proche les points d'intersection, on formera dans chacune d'elles un polygone inscrit régulier et du même nombre de côtés que le premier. Tous ces polygones seront semblables. Maintenant si l'on sous-divise en le même nombre de parties égales de plus en plus petites, les arcs sous-tendus par les côtés des polygones, on formera dans ces circonférences, des systèmes de polygones dont le nombre des côtés sera de plus en plus grand. Les polygones de chaque système seront tous semblables. On dit que *les cercles limites vers lesquels tendent ces polygones sont semblables.*

THÉORÈME.   Fig. 39.

89. Dans les triangles, l'une des deux conditions données pour la similitude entraîne l'autre.

Deux triangles équiangles, ABC, A′E′F′, — *sont semblables.*

Disposez le triangle A′E′F′ en AEF sur l'autre ABC, de manière que les angles A, A′ coïncident. Les lignes EF, BC sont parallèles à cause de l'égalité des angles AEF, B ; donc les rapports $\dfrac{AE}{AB}$, $\dfrac{AF}{AC}$ sont égaux (85), on prouvera comme plus haut (86) que le rapport $\dfrac{EF}{BC}$ est égal aux deux précédens. Mais AE, AF, EF sont égaux aux côtés du triangle A′E′F′; donc $\dfrac{A′E′}{AB}=\dfrac{A′F′}{AC}=\dfrac{E′F′}{BC}$.

Deux triangles ABC A′E′F′ *qui ont les côtés homologues proportionnels,* — *sont semblables.*

Prenez AE=A′E′, AF=A′F′ ; joignez EF. Par la constitution même de la figure, on a $\dfrac{AE}{AB}=\dfrac{AF}{AC}$ donc EF est parallèle à BC; donc le triangle AEF est semblable au triangle ABC. Mais EF E′F′ sont quatrième terme de proportion AB : AE :: BC : EF, AB : A′E′ :: BC : E′F′, donc EF, E′F′ sont égaux. Donc les deux triangles A′E′F′, AEF sont égaux, par conséquent AEF est semblable à ABC.

THÉORÈMES.

90. *Deux triangles qui ont un angle égal compris entre côtés proportionnels, — sont semblables.*

Ils sont équiangles.

THÉORÈME.

Deux triangles qui ont les côtés parallèles, — sont semblables.

Ils sont équiangles.

THÉORÈME. Fig. 39.

Deux triangles ABC, abc *qui ont les côtés perpendiculaires chacun à chacun, — sont semblables.*

Les angles B, b formés par les côtés respectivement perpendiculaires sont égaux.

Par B menez des parallèles aux côtés de l'angle b ; vous verrez qu'il faut ajouter à B et à b le même angle pour faire un angle droit.

THÉORÈME.

91. *Les surfaces de deux triangles semblables — sont entre elles comme les carrés des côtés homologues.*

Soient B, b deux côtés homologues. H, h les hauteurs sur ces côtés. Les surfaces des triangles sont $\dfrac{BH}{2}$, $\dfrac{bh}{2}$ et

leur rapport $\dfrac{BH}{bh}$. Mais ce rapport est le produit de deux autres $\dfrac{B}{b}$, $\dfrac{H}{h}$, dont le second est égal au premier, à cause de la similitude des triangles ; donc le rapport des surfaces est $\dfrac{B^2}{b^2}$

THÉORÈME.   Fig. 46.

Deux polygones semblables — se décomposent en un même nombre de triangles semblables et semblablement disposés.

Par les sommets A, a d'angles égaux menez des diagonales. Les triangles ABC, abc ont un angle égal compris entre côtés proportionnels ; donc ils sont semblables. Les deux triangles ACD, acd sont semblables pour la même raison. En effet, ACD, acd sont égaux, ils ont différence d'angles égaux. De plus, les rapports $\dfrac{CD}{cd}$, $\dfrac{AC}{ac}$ sont égaux entre eux, comme étant l'un et l'autre égal au rapport $\dfrac{BC}{bc}$, soit à cause de la similitude des polygones, soit à cause de la similitude des deux premiers triangles. On prouvera de la même manière de la similitude des autres triangles correspondans dans les deux figures.

Réciproquement.

Deux polygones composés du même nombre de triangles semblables et semblablement disposés — sont semblables.

Les angles des polygones sont égaux chacun à chacun, car ils se composent d'angles de triangles qui sont respectivement égaux : de plus deux côtés homologues quelconques des triangles ayant le même rapport que deux autres, il s'en suit que les côtés homologues des polygones sont proportionnels.

PROBLÈME. **Fig. 40.**

Sur un côté donné ab, *construire un polygone semblable à un polygone donné* ABCDE.

Partagez le polygone donné en triangles BAC, CAD ; construisez sur *ab* un triangle semblable à ABC, en menant par les points *a, b* des lignes *ac, bc* qui fassent avec *ab* des angles égaux aux angles BAC et B. Construisez sur la diagonale *ac* un triangle semblable à CAD, et continuez ainsi, en formant un polygone qui se compose de triangles semblables à ceux du polygone donné et semblablement disposés.

THÉORÈME.

Lorsque deux polygones P, p *sont semblables —* $les \begin{matrix} p\acute{e}rim\grave{e}tres \\ surfaces \end{matrix}$ *de ces polygones sont proportionnels* $\begin{matrix} aux\ c\^ot\acute{e}s \\ au\ carr\acute{e}\ des\ c\^ot\acute{e}s \end{matrix}$ *homologues.*

Décomposez P, p en triangles semblables T, T′, T″, etc., t, t′, t″, etc., soit c, c deux côtés homologues, dont le rapport $\frac{c}{c}$ est le même que le rapport des diagonales quelconques homologues. Le rapport de deux triangles quelconques correspondans, étant le même que celui des carrés des côtés ou des carrés des diagonales, qui sont pour eux des côtés homologues, on a $\dfrac{T}{t}=\dfrac{T'}{t'}=\dfrac{T''}{t''}=$ etc. $=\dfrac{c^2}{c'^2}$,

d'où l'on déduit (84) $\dfrac{T+T'+T''+\text{etc.}}{t+t'+t''+\text{etc.}}$ ou $\dfrac{P}{p}=\dfrac{c^2}{c'^2}$.

Mêmes raisonnemens pour les périmètres.

SCOLIE.　　Fig. 40.

Lorsqu'on marque sur le plan de deux polygones semblables un point quelconque G, considéré par rapport à
l'un des deux polygones. On peut marquer un autre
point g qui a avec le point G ce rapport que les lignes
menées de ces points à des sommets homologues des polygones, donnent des longueurs dont le rapport est le
même que celui des côtés du polygone. Ces points sont
dits *homologues*. Ayant choisi le point G, joignez-le au
point A; par le point a menez une ligne ag qui fasse
avec ac un angle égal à l'angle que fait AG avec AC; prenez
ag de manière que le rapport $\dfrac{AG}{ag}$ soit celui des lignes
homologues; et le point g sera l'homologue du point G.

Si de ces points on mène des diagonales à tous les sommets, on décomposera les deux polygones en triangles
semblables et semblablement disposés. En effet, dans
les triangles correspondans ainsi formés, on trouvera
toujours un angle égal compris entre deux côtés proportionnels.

THÉORÈME.

94. *Dans des cercles les centres — sont des points
homologues.*

Les **circonférences**/**surfaces** *des cercles—sont proportionnelles*
aux rayons.
au carré des rayons.

En effet, les centres sont le sommet de l'infinité de triangles semblables et semblablement placés, dans lesquels sont décomposés les cercles ; comme les circonférences sont la somme de l'infinité de côtés dont se composent ces circonférences.

THÉORÈME. Fig. 41.

95. *D'un point* A *pris sur le plan d'un cercle, on mène des lignes quelconques qui coupent le cercle, le rectangle construit sur les segmens compris entre le point* A *et les points de rencontre avec le cercle,* **a la même surface, quelle que soit la direction de la ligne.**

Joignez ces points d'intersections E, B′ et C, B, et vous formerez des triangles semblables CAB, EAB′ qui donnent la proportion AC : AE : : AB : AB′, laquelle démontre que les rectangles AC$\times$AB′ AE$\times$AB sont égaux. Le point A étant hors des cercles, si l'une des sécantes devenait tangente, les triangles semblables seraient CAb, AbB′ ; ils donneraient AC : Ab : : Ab : AB′, ce qui montre que pour la tangente le rectangle se change en carré de même surface. On énonce souvent cette propriété en disant que :

La tangente est moyenne proportionnelle entre la sécante entière et la partie extérieure.

Cette propriété du cercle sert à une foule de constructions géométriques parmi lesquelles il y en a d'importantes, nous allons en donner deux.

PROBLÈME.   Fig. 42.

96. *Partager une ligne* AB *en moyenne et extrème raison.*

Cela veut dire la diviser en deux parties, dont la plus grande soit moyenne proportionnelle entre la figure entière et la plus petite partie.

Quand une tangente AB à un cercle c, est égale au diamètre, la sécante AM'B' qui passe par l'extrémité A de la tangente et par le centre du cercle, se trouve partagée au point M' en moyenne et extrème raison, en sorte qu'on a $AB' : B'M' :: B'M' : AM'$; or, la différence $AB'—B'M'$ des deux premiers termes de cette proportion, donne justement le quatrième terme; donc la transformation suivante $AB'—B'M' : B'M' :: B'M'—AM' : AM'$ ou $AM' : B'M' :: B'M'—AM' : AM'$ montre que AM' est *extrème proportionnelle* entre le diamètre ou la tangente, et l'excédant de ce diamètre ou de cette tangente sur la partie extérieure AM'. De là cette construction pour faire le partage demandé : à l'extrémité B de la ligne AB élevez une perpendiculaire BC égale à $\frac{1}{2}$ AB, décrivez du point c avec CB pour rayon une circonférence; menez par le centre la sécante AB', portez la partie extérieure AM de cette sécante en AM. Le point M donne $AM : AB :: MB : AM$, ou $AB : AM :: AM : MB$; il fait le partage demandé.

PROBLÈME.   Fig. 42.

97. *Inscrire un décagone régulier dans une circonférence.*

Cela revient à chercher quelle partie du rayon CB est le côté de ce décagone : supposons que c'est BD. Si par le point B nous menons sur CD une ligne BO égale à BD, nous aurons formé un triangle isocèle, semblable au triangle isocèle BCD, comme ayant les mêmes angles à la base que lui. La proportionnalité des côtés permet de comparer le côté BD avec le rayon, on a BD : CD : : OD : BD. Mais comment le point O partage-t-il CD ? voilà ce qui reste à savoir. Or, remarquez que l'angle C est $\frac{1}{10}$ de quatre droits ou $\frac{1}{5}$ de deux droits, d'où il résulte que l'angle CBD est $\frac{2}{5}$ de deux droits ; et comme l'angle OBD $=$ C est $\frac{1}{5}$ de deux droits, l'angle CBO est donc $\frac{1}{5}$ de deux droits ; donc CO et BO ainsi que BD sont des lignes d'égale longueur. Donc *le côté du décagone régulier est la plus grande partie du rayon divisé en moyenne et extrême raison.*

REMARQUE.

99. Les élèves doivent remarquer l'esprit de recherche qui préside à la résolution des deux questions précédentes, pour appliquer cet esprit de recherche à toutes les études qu'ils feront eux-mêmes. Dans les PROBLÈMES ou questions d'invention, cet esprit consiste à chercher les rapports entre la construction qu'on demande, et les propriétés connues des figures qu'on a déjà étudiées ; dans les THÉORÈMES ou questions d'exposition, il consiste à rechercher et à voir les propriétés d'où se déduira la vérité énoncée, à suivre ces propriétés dans leur développement, dans leurs combinaisons, jusqu'à ce qu'on en ait déduit et en quelque sorte dégagé la propriété énoncée.

La perfection de cette méthode est sans doute de marcher d'un pas sûr et ferme de conséquence en conséquence, dans une voie éclairée en quelque sorte d'avance, et qui ne peut manquer de mener au but de la manière la plus directe. Cependant, dans la pratique, la méthode n'exclut pas les tentatives et les essais, qui, pour être quelquefois infructueux, n'en seront pourtant pas moins avoués par elle, toutes les fois que l'esprit aura aperçu d'une manière suffisamment lucide l'utilité de ces essais et de ces tentatives, et leur appropriation plus ou moins exacte à la recherche qu'on doit faire. En suivant cette marche dans l'étude des sciences, on donne à son esprit ces bonnes et saines habitudes, qui en établissent la solidité et en augmentent la puissance.

CHAPITRE VI.

EXTRACTION DE LA RACINE CARRÉE ET CUBIQUE DES NOMBRES ET DES FORMULES ALGÉBRIQUES SIMPLES. — CARRÉS FAITS SUR LES CÔTÉS D'UN TRIANGLE. — TRANSFORMATIONS ET CONSTRUCTIONS GÉOMÉTRIQUES.

§ I.

EXTRACTION DE LA RACINE CARRÉE ET CUBIQUE DES NOMBRES ENTIERS.

100. Pour extraire les racines carrées et cubiques des nombres (53), il faut posséder de mémoire le tableau suivant, qui renferme les 9 premiers nombres, et correspondamment les carrés et les cubes de ces nombres.

Nombres. 1, 2, 3, 4, 5, 6, 7, 8, 9.

Carrés. 1, 4, 9, 16, 25, 36, 49, 64, 81.

Cubes. 1, 8, 27, 64, 125, 216, 343, 512, 729.

Le procédé de l'extraction des racines se fonde sur la loi de formation du carré et du cube, en supposant que la racine cherchée soit décomposée en dizaines et unités.

Soit le nombre 27, représentons par a les 2 dizaines

et par b les 7 unités. D'après les règles de la multiplication algébrique, on trouvera que

Le carré de 27 est représenté par $a^2 + 2ab + b^2$.

Le cube de 27 est représenté $a^3 + 3a^2b + 3ab^2 + b^3$.

$a^2 + 2ab + b^2$,......... carrés des dizaines + 2 fois les dizaines $\times$ par les unités + le carré des unités.

$a^3 + 3a^2b + 3ab^2 + b^3$. cube des dizaines + 3 fois le carré des dizaines $\times$ par les unités + d'autres termes.

En formant, d'après cette composition, les diverses parties arithmétiques du carré et du cube de 27, on trouve pour

a^2	400	a^3	8000
$2ab$	280	$3a^2b$	8400
b^2	49	$3ab^2$	2940
		b^3	343

Pour carré de 27,   739   Pour cube de 27,   19683

Le principe de l'extraction consiste à rechercher dans le carré ou le cube donné, les diverses parties qui le composent, afin de tirer de ces parties mêmes la racine des dizaines et celles des unités. Ce sont les nombres 739 et 19683 qui nous serviront d'exemple. Une seule et même exposition suffira pour les racines carrées et cubiques.

$$7\overset{39}{\underset{339}{}}\Big|2 \qquad\qquad 16683\Big|2$$
$$8683$$

Le $\overset{\text{carré}}{\text{cube}}$ des dizaines ne pouvant avoir que des centaines, milles, la partie à droite $\overset{39}{683}$ n'en fait pas partie; le $\overset{\text{carré}}{\text{cube}}$ est tout entier compris dans $\overset{7}{16}$. La racine du plus grand $\overset{\text{carré}}{\text{cube}}$ compris dans $\overset{6}{16}$ est $\overset{2}{2}$; c'est exactement le chiffre des dizaines de la racine. En effet, 739 est entre le carré de 2 et de 3 dizaines, et aussi 16683 est entre le cube de 2 et de 3 dizaines. Donc, la racine $\overset{\text{carrée}}{\text{cubique}}$ de $\overset{739}{16683}$ est composée de 2 dizaines plus un certain nombre d'unités; donc 2 est le chiffre exact des dizaines.

De $\overset{7}{16}$, retranchons $\overset{4}{8}$, $\overset{\text{carré}}{\text{cube}}$ des dizaines, et au reste $\overset{3}{8}$, joignons la partie $\overset{39}{683}$, séparée au commencement. Nous formons ainsi

276 qui se composent de 2 fois les dizaines $\times$ par les unités $+$ le carré des unités.

9576 qui se composent de 3 fois le carré des dizaines $\times$ par les unités $+$ d'autres parties.

Or, 2 fois les dizaines $\times$ les unités 3 fois le carré des dizaines $\times$ les unités sont tout entiers dans $\overset{33}{86}$, et $\overset{6}{76}$ n'en fait pas partie. Formons

2 fois les dizaines $\qquad$ 4
3 fois le carré des dizaines 12 , qu'on écrira sous la

racine. Si $\frac{33}{86}$ était juste le produit de ce nombre $\frac{4}{12}$ par

les unités de la racine, en le divisant par $\frac{4}{12}$, on aurait

pour quotient les unités ; mais $\frac{33}{86}$ étant plus grand que

ce produit, on risque par cette division qui donne $\frac{7}{7}$

de trouver un chiffre plus grand que les unités de la
racine. C'est pour cela qu'avant de placer ce chiffre à la

racine on l'essaie, en faisant le $\frac{carré}{cube}$ de 27 pour voir si

le nombre proposé est reproduit. Cela arrivant, le chiffre
trouvé aux unités complète la racine. Si l'essai donne
un nombre plus fort, on diminue d'une, de deux, etc.,
unités, jusqu'à ce qu'on trouve le chiffre exact.

S'il arrive qu'un nombre, comme
$$742 = 739 + 3$$
$$16686 = 16683 + 3$$

n'est pas le $\frac{carré}{cube}$ d'un nombre entier, on se propose

alors de trouver la racine du plus grand $\frac{carré}{cube}$ que ce

nombre puisse renfermer. Pour faire cette recherche,
il n'y a rien à changer à la théorie et au procédé que
nous venons de donner.

101. Quand le $\frac{carré}{cube}$ se compose de plus de $\frac{4}{6}$ chif-

fres, la racine $\frac{carrée}{cubique}$ a plus de deux chiffres ; mais
en considérant cette racine comme décomposée en ses
unités et ses dizaines, lesquelles sont exprimées par un

nombre de plusieurs chiffres, la théorie et le procédé
sont les mêmes que ci-dessus. Soit,

Le carré   75076,   le cube   20570824.

En suivant le raisonnement ci-dessus, on séparerait
les deux chiffres 76, comme ne faisant pas partie du carré
les trois chiffres 824, comme ne faisant pas partie du cube
des dizaines. On devrait, pour avoir les dizaines, extraire la racine du plus grand carré contenu dans 750,
traire la racine du plus grand cube contenu dans 20570.
Cela s'exécutera en faisant une nouvelle séparation de
deux chiffres,
trois chiffres, et suivant les raisonnemens déjà faits plus
haut. Ayant obtenu d'après ce procédé le nombre
27
27 pour

```
7.50.76| 274                          20.570.824|274
4       |                             .8         |
-----   | 4  27   54   274            ------     | 12    27³=19683
35.0    |    27        274            .125.70    | 2187  274³=20570824
72 9    |    ---       ---            .19683     |
-----   |    189                      ------     |
217.6   |    54                      . 8878 24   |
7507 6  |    ---                     205708.24   |
-----   |    729                     ------      |
0000 0  |          75076            000000 00    |
```

la racine du plus grand carré contenu dans 750, on
la racine du plus grand cube contenu dans 20570,
retranchera le carré de 27 de ces nombres, et à côté du
retranchera le cube de 27 de ces nombres, et à côté du
reste, on abaissera la dernière tranche de deux chiffres,
reste, on abaissera la dernière tranche de trois chiffres,
ce qui donnera 2176 . On appliquera le même rai-
ce qui donnera 887824 . On appliquera le même rai-

sonnement que ci-dessus pour prouver qu'après avoir séparé $\genfrac{}{}{0pt}{}{\text{le dernier chiffre}}{\text{les deux derniers chiffres}}\ \genfrac{}{}{0pt}{}{6}{24}$, il faudra diviser $\genfrac{}{}{0pt}{}{217}{8878}$ par $\genfrac{}{}{0pt}{}{\text{le double de la racine,}}{\text{le triple du carré de la racine,}}$ pour obtenir les unités de la racine. On trouve ainsi le chiffre 4. Comme ce chiffre pourrait être trop fort, on le vérifie en faisant le $\genfrac{}{}{0pt}{}{\text{carré}}{\text{cube}}$ de $\genfrac{}{}{0pt}{}{274}{274}$, pour voir si l'on reproduit le $\genfrac{}{}{0pt}{}{\text{carré}}{\text{cube}}$ proposé.

Remarquons que la nécessité de cette vérification se rencontre dans les exemples choisis. Ainsi, pour le carré, quand on divise 35 par le double 4 de la racine, on trouve 8 pour quotient. Après avoir essayé 8 en faisant le carré de 28, on voit que 8 est trop fort ; on essaie 7, on le trouve convenable.

En récapitulant toutes les parties du procédé pratique, on fera dire aux élèves eux-mêmes, la règle à suivre pour extraire la racine $\genfrac{}{}{0pt}{}{\text{carrée}}{\text{cubique}}$ d'un nombre, ou du plus grand $\genfrac{}{}{0pt}{}{\text{carré}}{\text{cube}}$ contenu dans un nombre.

Exercices.

1° Le dernier chiffre d'un nombre peut-il faire reconnaître que ce nombre n'est pas un carré ?

2° Comment reconnaître que le chiffre obtenu aux unités de la racine carrée est trop faible d'une unité, sans faire le carré de la racine ?

3° Trouver un nombre moyen proportionnel à deux nombres donnés.

EXTRACTION DE LA RACINE CARRÉE ET CUBIQUE DES FRACTIONS. RACINES APPROCHÉES.

103. D'après la règle de la multiplication des fractions, le $\substack{\text{carré}\\\text{cube}}$ d'une fraction $\frac{2}{3}$ s'obtient en faisant le $\substack{\text{carré}\\\text{cube}}$ de chaque terme; donc la racine $\substack{\text{carrée}\\\text{cubique}}$ d'une fraction $\substack{\frac{4}{9}\\\frac{8}{27}}$, s'obtiendra en extrayant la racine de chaque terme.

Si la fraction n'est pas le $\substack{\text{carré}\\\text{cube}}$ d'une autre fraction, comme il arrive pour $\frac{5}{7}$, on obtiendra facilement une fraction qui exprimerait le plus grand nombre de 7mes dont le $\substack{\text{carré}\\\text{cube}}$ soit contenu dans $\frac{5}{7}$. Pour cela on multipliera les deux termes de la fraction $\substack{\text{par}\qquad 7,\\\text{p. le carré de } 7,}$ ce qui donnera

$$\frac{3\times 7}{7^2}=\frac{21}{7^2}, \qquad\qquad \frac{3\times 7^2}{7^3}=\frac{147}{7^3};$$

On extraira la racine $\substack{\text{carrée}\\\text{cubique}}$ des deux termes de ces fractions et l'on trouvera les fractions

$$\frac{4}{7}, \qquad\qquad \frac{5}{7};$$

auxquelles il ne faudrait pas ajouter $\frac{1}{7}$, pour que leur $\genfrac{}{}{0pt}{}{\text{carré}}{\text{cube}}$ fût plus grand que la fraction proposée $\frac{3}{7}$.

Pour cette raison, on dit que $\frac{4}{7}$, $\frac{5}{7}$ sont les racines $\genfrac{}{}{0pt}{}{\text{carrées}}{\text{cubiques}}$ de $\frac{3}{7}$ *à moins de* $\frac{1}{7}$ *près.*

A l'aide de ce procédé on peut extraire la racine $\genfrac{}{}{0pt}{}{\text{carrée}}{\text{cubique}}$ d'un nombre entier quelconque, 3 par exemple, à moins de $\frac{1}{7}$ près. En effet,

$$3 = \frac{3 \times 7^2}{7^2} \qquad\qquad 3 = \frac{3 \times 7^3}{7^3}$$

Donc

$$\sqrt{3} = \sqrt{\frac{3 \times 7^2}{7^2}} = \frac{12}{7} = 1 + \frac{5}{7} \qquad \sqrt[3]{3} = \sqrt[3]{\frac{3 \times 7^3}{7^3}} = \frac{10}{7} = 1 + \frac{3}{7}$$

$$1 + \frac{5}{7} \qquad\qquad\qquad 1 + \frac{3}{7}$$

est la racine $\genfrac{}{}{0pt}{}{\text{carrée}}{\text{cubique}}$ de 3 à moins de $\frac{1}{7}$ près.

La règle à suivre consiste en ceci :

Multiplier le nombre donné par le $\genfrac{}{}{0pt}{}{\text{carré}}{\text{cube}}$ *du dénominateur de la fraction d'approximation, extraire la racine, puis diviser la racine par le dénominateur de l'approximation.*

104. Pour extraire la racine $\genfrac{}{}{0pt}{}{\text{carrée}}{\text{cubique}}$ d'un nombre

décimal 35,5 qui peut s'écrire $\dfrac{355}{10}$; on rendra le dé-

nominateur un $\genfrac{}{}{0pt}{}{\text{carré}}{\text{cube}}$ par l'addition de $\genfrac{}{}{0pt}{}{\text{un}}{\text{deux}}$ zéros, ce qui

donnera au numérateur de ce nombre la valeur $\genfrac{}{}{0pt}{}{3550}{35500}$.

Or, ce nombre n'est que le nombre proposé, à la suite

duquel on met assez de zéros pour avoir $\genfrac{}{}{0pt}{}{\text{deux}}{\text{trois}}$ chiffres dé-

cimaux. On extraira la racine des nombres ainsi préparés
sans tenir compte de la virgule, et l'on séparera un
chiffre décimal; on obtiendra ainsi la racine à moins de
0,1.

S'il fallait avoir la racine à moins de 0,01, 0,001, etc.,
on devrait compléter les chiffres décimaux de manière à

en avoir le $\genfrac{}{}{0pt}{}{\text{double}}{\text{triple}}$ de ceux qu'on veut à la racine.

Ceci servira à obtenir la racine d'un nombre entier 3,
approché en décimales. Car

$$3 = \frac{300}{10^2} \qquad\qquad 3 = \frac{3000}{10^3}$$

Donc

$$\sqrt{3} = \sqrt{\frac{300}{10^2}} = \frac{17}{10} = 1,7 \qquad \sqrt[3]{3} = \sqrt[3]{\frac{3000}{10^3}} = \frac{15}{10} = 1,5$$

Faire énoncer la règle à suivre.

Exercices.

105. 1° Lorsqu'on extrait la racine des deux termes d'une fraction sans l'avoir préparée, à quelle approximation obtient-on cette racine ?

2° Le côté d'un carré est de 22^t 5^{pi} 6^{po} ; combien ce carré contient-il de pouces carrés ?

On fait application à la géométrie, des opérations d'extractions de la racine carrée, en calculant la valeur du côté d'un carré équivalant à une surface dont on connaît ou dont on peut calculer l'aire en nombre. En effet, si une figure a 739 mètres carrés de superficie, le côté du carré équivalant à cette figure sera de 27 mètres, qui est la racine carrée de 739 ; car la superficie du carré géométrique dont le côté est 27 mètres, s'obtient en élevant 27 au carré. Cette superficie est donc comme celle de la figure de 739 mètres carrés.

3° Trouver à moins de 0^m,01 près le côté d'un carré équivalant à un triangle dont la base est de 15^m,2, et la hauteur de 11^m,27.

Combien ce carré contiendra-t-il de décimètres carrés et centimètres carrés ?

4° Deux cercles concentriques ont pour rayon, l'un 23^m, l'autre 11^m,50 ; trouver le rayon d'un cercle équivalant à la couronne circulaire interceptée entre les deux circonférences.

5° Un propriétaire a divers champs séparés , de formes et de grandeurs diverses.

<table>
<tr><td>1er</td><td>triangulaire, base</td><td>341^m hauteur 232^m ;</td></tr>
<tr><td>2me</td><td>rectangulaire, base</td><td>528^m hauteur 145^m ;</td></tr>
<tr><td>3me</td><td>trapèze, base</td><td>841^m et 529^m hauteur 476^m.</td></tr>
</table>

Il fait échange avec un autre propriétaire , pour avoir son bien d'une seule pièce carrée, et le faire entourer d'un mur de 6 pieds de haut. Pour cela , il se défait de l'excédant qui empêche toutes ses terres de pouvoir entrer dans un carré dont le côté puisse être mesuré en perches de 22 pieds de longueur.

On demande ce que lui coûtera sa clôture, en évaluant à 20 fr. la toise de mur ? On sait que la fondation est de 18 pouces.

On demande aussi combien sa nouvelle propriété aura d'arpens.

106. L'extraction des racines est la première opération, dont le résultat n'est pas toujours exprimable en nombres; ainsi, la racine carrée de 30 , la racine cubique de 29 , ne sauraient être exprimées ni par un nombre entier ni par un nombre fractionnaire ; ou plus exactement, elles n'existent pas. Les résultats qui proviennent des opérations de la géométrie, ne sont pas non plus toujours exprimables par des nombres , comme nous l'avons vu , quand il s'est agi d'exprimer la longueur d'une ligne par la longueur d'une autre. Ces lignes pouvant n'avoir point de commune mesure, leur rapport numérique n'est pas exprimable, ou plus exactement, il n'existe pas.

Cette impossibilité paraît au premier abord avoir une

grave conséquence ; puisque plusieurs procédés géométriques s'appuient sur l'existence de ces résultats numériques qui n'existent réellement pas toujours. En effet, on mesure l'aire d'un rectangle, en mesurant la base et la hauteur avec le côté du carré qu'on a choisi pour unité de superficie ; mais si le rapport numérique de ces lignes avec ce côté n'existe pas , on ne peut obtenir la mesure du rectangle avec le carré d'abord choisi pour unité. Il y a plus, car s'il n'existe pas de commune mesure entre la base et la hauteur, on ne saurait trouver de carré qui puisse servir d'unité à la superficie du rectangle.

La difficulté, au reste , n'est qu'apparente. En effet , soit $b, h,$ la base et la hauteur du rectangle ; soit u le côté du carré unité, u n'ayant point de commune mesure avec b et h. Mesurons b et h avec une partie aliquote de u, aussi petite qu'on voudra ; soit r', cette partie aliquote ; soit $r_1 , r_2 ,$ les restes de l'opération , on aura

$$b = mr' + r_1 \qquad\qquad h = pr' + r_2$$

Cela posé, le rectangle proposé sera compris entre deux rectangles ayant pour dimensions, le plus petit mr', pr', le plus grand $(m+1) r'$, $(p+1) r'$. Ces deux rectangles différeront entre eux d'aussi peu qu'on voudra ; puisque r' est aussi petit qu'on voudra. L'erreur commise en prenant au lieu du rectangle $b \times h$, le rectangle $mr' \times pr'$ sera donc aussi petite qu'on voudra. *Cette erreur a zéro pour limite.*

Ainsi, dans la pratique positive , et même dans l'évaluation abstraite et spéculative, la non existence du rapport numérique entre les lignes et l'unité choisie n'apportera point de difficulté réelle.

Dans l'exacte vérité, la mesure effective du rectangle bh avec un carré dont le côté n'a pas de mesure connue, avec b et h, n'existe pas ; mais on n'en dit pas moins que cette mesure est le produit de la base b par la hauteur h ; entendant ici par b et h des lignes évaluées par le côté du carré, avec une approximation aussi grande qu'on voudra.

On exprime que le rapport de deux lignes n'existe pas, et encore que la racine d'un nombre comme 3o n'existe pas, en appelant les nombres qui exprimeraient ces rapports *irrationnels* ou *incommensurables*, ce qui veut dire qui n'ont pas de raison ou rapport avec l'unité.

§ II.

EXTRACTION DE LA RACINE CARRÉE ET CUBIQUE DES MONOMES, DES TRINOMES ET QUADRINOMES.

167. Le carré de b^5 est $b^{5+5} = b^{5\times2}$.

Le cube de b^5 est $b^{5+5+5} = b^{5\times3}$.

Si l'on a à indiquer le carré ou le cube d'un nombre représenté par le monome $4a^2b^5c^3d$, on écrira :

$$(4a^2b^5c^3d)^2, \quad (4a^2b^5c^3d)^3.$$

Pour exécuter le carré ou le cube du monome, on fera le carré ou le cube de tous les facteurs qui le composent. Ce qui revient à *élever le coefficient au carré ou au cube, et à doubler ou tripler les exposans* de toutes les lettres.

$$(4a^2b^5c^3d)^2 = 16a^4b^{10}c^6d^2 \qquad (4a^2b^5c^3d)^3 = 64a^6b^{15}c^9d^3$$

Si l'on a à indiquer la racine carrée ou cubique d'un nombre représenté par un monome

$$16a^4b^{10}c^6d^2 \qquad\qquad 64a^6b^{15}c^9d^3$$

On couvrira le monome du signe $\sqrt{}$ qu'on appelle radical, et l'on indiquera par le chiffre placé à son ouverture supérieure, qu'il s'agit de la racine cubique. Exemple :

$$\sqrt{16a^4b^{10}c^6d^2} \qquad\qquad \sqrt[3]{64a^6b^{15}c^9d^3}$$

Ce chiffre s'appelle indice de la racine.

Trouver la racine carrée ou cubique, c'est trouver le monome simple et dégagé de toute indication de racine, qui, élevé au carré ou au cube, reproduise le monome carré ou le monome cube donné. D'après la règle d'élévation au carré ou au cube, il faudra *extraire la racine carrée et cubique du coefficient, et diviser par 2 ou par 3 les exposans de chaque lettre.*

$$\sqrt{16a^4b^{10}c^6d^2} = 4a^2b^5c^3d \qquad \sqrt[3]{64a^6b^{15}c^9d^3} = 4a^2b^5c^2d$$

Lorsqu'il s'agit de racine carrée, on omet le chiffre 2

dans l'ouverture du radical. Observez que la règle donnée revient à extraire la racine carrée de chaque facteur.

108. Si un nombre était exprimé par le monome

$$128a^8b^{16}c^{11}d^4,$$

dans lequel le coefficient n'est pas un cube et les exposans des lettres ne sont pas divisibles par 3, on dirait que le nombre n'est pas un *cube algébrique*. Mais on peut le décomposer en deux facteurs, dont l'un soit un cube algébrique.

$$128a^8b^{16}c^{11}d^4 = 64a^6b^{15}c^9d^3 \times 2a^2bc^2d.$$

Si le second facteur était aussi un cube, on pourrait exécuter l'extraction algébrique en faisant l'extraction de la racine cubique de chaque facteur. Il n'en est pas ainsi ; mais le facteur $2a^2bc^2d$, lorsqu'on en viendra aux applications arithmétiques, pourra devenir un carré parfait ; alors on aura eu le droit de faire l'extraction totale du monome proposé par l'extraction particulière de chacun des deux facteurs, en indiquant seulement l'extraction du second, qui n'est réalisable que quand on en vient aux nombres. On écrira donc

$$\sqrt[3]{128a^8b^{16}c^{11}d^4} = \sqrt[3]{64a^6b^{15}c^9d^3} \times \sqrt[3]{2a^2bc^2d} = 16a^2b^5c^3d\sqrt[3]{2a^2bc^2d}$$

En vue des applications arithmétiques qui ne donneraient pas un cube parfait numérique pour $2a^2bc^2d$, on n'en conservera pas moins la même écriture et la même règle d'extraction algébrique, parce que conformément à ce que nous avons dit plus haut, on considérera le nombre irrationnel $\sqrt[3]{2a^2bc^2d}$, comme remplacé par un nombre rationnel aussi approché qu'on voudra de

$$\sqrt{2a^2bc^2d}.$$

De cette règle, il résulte qu'on peut remplacer des expressions

$$a\sqrt{b} \qquad 2a^2\sqrt[3]{b}$$

qui sont des monomes *en partie rationnels et en partie irrationnels* par les expressions.

$$\sqrt{a^2b} \qquad \sqrt[3]{8a^6b}$$

Pour faire passer sous le radical les facteurs qui sont en dehors du radical, la règle à suivre, qui est l'inverse de celle donnée plus haut pour l'extraction, consiste à élever le facteur hors du radical à la puissance marquée par l'indice de la racine.

Cette transformation n'a pas que des usages algébriques. En effet, quand dans l'expression $a\sqrt{b}$, on remplace a et b par des nombres, et qu'on exécute les opérations indiquées, si l'on doit obtenir la racine carrée de b à moins d'un centième près, comme il faudra ensuite multiplier par a, le résultat ne sera obtenu qu'à moins de a centièmes ; approximation qui pourra être très grossière, si a est un grand nombre. Au contraire, en remplaçant $a\sqrt{b}$ par $\sqrt{a^2b}$, l'extraction faite avec deux chiffres décimaux, donnera le résultat évalué immédiatement à moins d'un centième près.

109. Pour les polynomes, nous nous bornerons à donner l'extraction de la racine carrée et cubique de ceux qui proviennent du carré et du cube d'un binome. En se reportant aux exercices donnés à la suite de la multiplication (57), on trouve que

$$(a \pm b) = a^2 \pm 2ab + b^2$$
$$(a \pm b)^3 = a^3 \pm 3a^2 b + 3ab^2 \pm b^3.$$

De là la règle pour extraire la racine carrée. cubique. *Ordonnez par rapport aux puissances descendantes d'une lettre; la racine carrée cubique du premier terme sera le premier terme de la racine. Faites le double de ce terme; triple carré de ce terme; divisez le second terme par le monome ainsi formé, vous aurez le second terme de la racine.*

En élevant le binome obtenu au carré cube , si l'on reproduit le polynome proposé, ce polynome est un carré ou cube algébrique parfait.

Exemple :

$$4a^4b^2 - 4a^2b^4 + b^6 \ \big|\ \frac{2a^2b - b^3}{4a^2b} \qquad\qquad 8a^6b^3 - 12a^4b^5 + 6a^2b^7 - b^9 \ \big|\ \frac{2a^2b - b^3}{12a^4b^2}$$
$$4a^4b^2 \qquad\qquad\qquad\qquad 8a^6b^3$$

110. Lorsqu'un polynome n'est pas un carré ou un

cube parfait, on peut quelquefois le décomposer en deux facteurs, dont l'un soit un carré parfait. Alors l'extraction de la racine se fait comme il a été dit, pour les monomes irrationnels (108).

$$\sqrt{5a^3bc - 10a^2b^2c + 5ab^3c} = \sqrt{5abc\,(a^2 - 2ab + b^2)} = (a-b)\sqrt{5abc}$$

$$\sqrt[3]{125a^4b^3c^3 - 250a^3b^4c^3} = \sqrt[3]{125a^3b^2c^3(a-2b)} = 5abc\sqrt[3]{a-2b}$$

Exercices.

III. 1° Extraire la racine carrée de

$25a^2 - 20a\sqrt{b} + 4b$.

$25a^2b - 20ab + 4b$.

$25a^2 - 20a\sqrt{b} + 7b$.

2° Extraire la racine cubique de

$8a^3c^5 - 24a^2bc^5 + 24ab^2c^5 - 8b^3c^3$.

$216a^6 - 540a^4bc + 450a^3b^2c^2 - 125b^3c^5$.

3° Dans le mouvement de rotation de la terre autour de son axe, un point de l'équateur décrit en une minute un arc de près de 3,6 lieues. — Quel est le rayon de la terre pour un point de l'équateur ?

4° Dans le mouvement de rotation de la lune autour de son axe, un point de l'équateur décrit dans une minute un arc de près de 1/16 de lieue. La rotation complète du point s'exécute en 29 jours 53′. — Quel est le rayon de la lune pour un point de l'équateur ?

5° Un corps qui tombe à la surface de la terre, parcourt dans la première seconde de sa chute un espace moitié du nombre qu'on désigne par g, et dont la valeur à Paris est de $9^m,8083$. On demande combien de temps il mettrait à tomber d'une hauteur de 7800^m; c'est la hauteur des monts Hymalaya, montagne du centre de l'Asie; c'est le point le plus élevé du globe. On sait que les espaces parcourus dans la chute des corps sont proportionnels aux carrés des temps employés à les parcourir.

6° Le temps de l'oscillation d'un pendule est marqué par la formule $\pi\sqrt{\dfrac{l}{g}}$; l étant la longueur du pendule depuis le point de suspension jusqu'au centre d'oscillation. On demande quelle sera la longueur l pour un pendule dont l'oscillation durerait une demi-seconde à Paris?

§ III.

PROPRIÉTÉ DES CARRÉS FAITS SUR LES CÔTÉS D'UN TRIANGLE; PROPRIÉTÉS ET CONSTRUCTIONS QUI S'EN DÉDUISENT.

THÉORÈME. Fig. 43.

112. *La perpendiculaire abaissée du sommet de l'angle droit sur l'hypothénuse d'un triangle rectangle, est moyenne proportionnelle entre les deux segmens de cette hypothénuse.*

2° Un côté de l'angle droit est moyen proportionnel

*entre l'hypothénuse entière et le segment adjacent
au côté.*

3° *Le carré construit sur l'hypothénuse, est équivalent à la somme des carrés construits sur les deux
autres côtés.*

Les trois triangles ABC, ADB, BDC, sont semblables ;
ils sont équiangles. Donc on a les proportions :

$$AD : BD :: BD : DC \qquad \text{d'où} \qquad \overline{BD}^2 = AD \times DC$$
$$AC : AB :: AB : AD \qquad \text{d'où} \qquad \overline{AB}^2 = AC \times AD$$
$$AC : BC :: BC : CD \qquad \text{d'où} \qquad \overline{BC}^2 = AC \times DC.$$

Ces proportions démontrent les deux premiers théorèmes.

Quant au troisième, ajoutez les égalités qu'on a tirées
des deux dernières proportions, vous trouverez successivement

$$\overline{AB}^2 + \overline{BC}^2 = AC \times AD + AC \times DC = AC \times (AD + DC) = AC \times AC = \overline{AC}^2$$

Or, $\overline{AB}^2$, $\overline{BC}^2$, $\overline{AC}^2$, sont les nombres qui mesurent les
carrés faits sur les trois côtés du triangle.

CorollAire. Comme on forme toujours un triangle
rectangle, en joignant un point quelconque d'une demi-
circonférence aux extrémités du diamètre, il s'en suit
que :

1° *La perpendiculaire abaissée d'un point de la
circonférence sur un diamètre, est moyenne proportionnelle entre les segmens de ce diamètre.*

2° *Une corde est moyenne proportionnelle, entre le
diamètre qui passe par une de ses extrémités et le seg-*

ment de ce diamètre adjacent à la corde , et terminé au pied de la perpendiculaire abaissée de l'autre extré-mité de la corde.

Ces vérités donnent le moyen d'exécuter beaucoup de constructions utiles avec la règle et le compas, et dont plusieurs remplacent les calculs arithmétiques des exercices du numéro (105).

PROBLÈME.

113. *Construire un carré équivalent à un parallé-logramme , ou à un triangle, ou à un trapèze , ou à un polygone donné.*

Pour le polygone, on le changera en triangle (59). Pour le trapèze , on considérera la demi-somme des bases parallèles , et pour le triangle la demi-hauteur , comme une des dimensions.

Le côté du carré cherché sera moyen proportionnel entre les deux dimensions de la figure à transformer. Prenez donc sur une ligne indéfinie une longueur égale à la plus grande des deux dimensions ; portez la plus petite dimension à l'extrémité de cette longueur , soit à la suite , soit en retour ; au point déterminé par cette seconde portée du compas , élevez une perpendiculaire indéfinie ; puis , décrivez sur la somme des deux dimen-sions ou sur la plus grande des deux, une demi-circonfé-rence. Dans le premier cas, la perpendiculaire bornée par la circonférence sera le côté du carré cherché ; dans le second cas , ce sera la corde menée de l'extrémité de la perpendiculaire à l'extrémité commune des **deux** dimensions (19 , 1° et 2°).

PROBLÈME.

114. *Construire un carré qui soit équivalent à la somme ou à la différence de deux carrés donnés.*

Le côté du carré cherché sera dans le premier cas l'hypothénuse d'un triangle rectangle, dont les deux côtés sont les côtés des carrés donnés ; dans le second , c'est le côté d'un triangle rectangle , dont l'un des côtés et l'hypothénuse sont les côtés des carrés donnés.

PROBLÈME.

115. *Construire des carrés qui soient dans le rapport de deux lignes données.*

Il résulte du théorème (112) que les carrés des côtés d'un triangle rectangle sont proportionnels aux deux segmens de l'hypothénuse. Il faudra donc décrire une demi-circonférence sur la somme des deux lignes données ; élever une perpendiculaire à la jonction de ces deux longueurs. Les cordes menées de l'extrémité des longueurs à l'extrémité de la perpendiculaire, seront les côtés des carrés demandés.

Si l'on prolonge les cordes indéfiniment, toute parallèle au diamètre déterminera sur ces cordes des lignes dont les carrés satisfont à la question.

PROBLÈME.

116. *Construire un carré équivalent à la combinaison des surfaces exprimée par le polynome,*

$$a^2 + b^2 - c^2 + 2ac - \frac{4ab^2}{c} + a\sqrt{bc}, \; a, b, c \text{ étant les me-}$$

sures des lignes données.

$2ac$ ou $2a \times c$ considéré comme un rectangle, sera remplacé par un carré d^2, dont le côté d se construit comme il a été expliqué ci-dessus.

$\dfrac{4ab^2}{c}$ ou $\dfrac{4ab}{c} \times b$ se remplacera de même par un carré e^2, en remplaçant préalablement $\dfrac{4ab}{c}$ ou $\dfrac{4a \times b}{c}$ par une ligne quatrième proportionnelle aux lignes données $c, 4a, b$.

$a\sqrt{bc}$ deviendra d'abord af, en construisant une ligne f moyenne proportionnelle aux lignes b, c, et dont la valeur est $\sqrt{bc}$. Ensuite af se change en g^2; en sorte que l'expression algébrique de la combinaison donnée sera équivalente à

$$a^2 + b^2 - c^2 + d^2 - e^2 + g^2;$$

d, e, g étant des lignes obtenues à l'aide de la règle et du compas. Or, cette combinaison de somme et de différence, ne comprenant plus que des carrés, se réalisera géométriquement par des constructions expliquées, à l'avant-dernier problème.

Exercices.

117. 1° Construire un rectangle équivalent à un carré donné, et dont les deux dimensions fassent une somme donnée.

2° Construire un rectangle équivalent à un carré donné, et dont les deux dimensions aient entre elles une différence donnée.

Rappelez-vous que le rectangle construit sur une sécante au cercle et sa partie extérieure, a pour différence de ces deux dimensions la partie interceptée dans le cercle.

3° Changer un cercle dans un carré.

4° Trouver le rayon d'un cercle égal à la somme ou à la différence de deux cercles donnés.

5° Trouver un polygone égal à la somme ou à la différence de deux polygones donnés semblables, et lui-même semblable à ces polygones.

6° A, B, C étant les trois angles d'un triangle, a, b, c étant les côtés opposés, α étant le segment adjacent à l'angle A et formé sur un côté de cet angle, par la perpendiculaire abaissée de l'extrémité de l'autre côté de l'angle, prouver que

lorsque A est aigu $a^2 = b^2 + c^2 - 2b\alpha.$
lorsque A est obtus $a^2 = b^2 + c^2 + 2b\alpha.$

On prend d'abord la valeur de a^2, dans le triangle rectangle formé par la perpendiculaire et le second segment du côté c ; et dans cette valeur on remplace le carré de la perpendiculaire, à l'aide d'un autre triangle rectangle, et le carré du second segment, en le considérant comme lié avec le premier segment par différence ou par somme.

CHAPITRE VII.

AVANTAGES ET NÉCESSITÉ DES ÉQUATIONS DANS LA RÉSOLU-
TION DES QUESTIONS CONCRÈTES. — RÉSOLUTION DES ÉQUA-
TIONS DU 1er DEGRÉ A UNE OU PLUSIEURS INCONNUES.

§ Ier.

118. Nous avons expliqué sur la question d'intérêt et d'escompte (75), un des avantages de l'emploi des formules dans la résolution des questions concrètes. Un examen plus attentif du caractère algébrique qui les constitue, va nous montrer des avantages et des ressources, que le calcul arithmétique seul et le raisonnement parlé n'auraient jamais pu offrir. Reprenons ces formules, après avoir relu le numéro (75) pour nous remettre bien au courant des questions.

$$ x = \frac{ist}{100} \qquad\qquad y = \frac{itb}{100+it} $$

Considérons seulement la première question. L'examen de la formule qui se fait d'un seul coup d'œil, et qui donne un résultat net, clair, très promptement saisissable pour celui qui sait le lire, montre que la question renferme quatre élémens, savoir :

s somme placée, t temps pendant lequel elle est placée,

i taux de l'intérêt, x intérêt de la somme pendant le temps indiqué.

La formule donne la valeur d'une de ces choses, l'intérêt de l'argent, au moyen, ou, comme on dit, *en fonction des trois autres*. La plus simple réflexion amène à conclure, qu'on pourrait se proposer de trouver l'une quelconque des quatre choses quelle qu'elle soit, en fonction des trois restantes ; d'où il résulte que la question proposée renferme, en la considérant sous un point de vue général, quatre questions particulières que l'inspection de la formule permet d'énoncer immédiatement ; les voici :

Trouver l'intérêt d'une somme d'argent placée pendant un temps déterminé à un taux aussi déterminé.

Trouver une somme qui, placée pendant un temps déterminé et à un taux aussi déterminé, rapporte un intérêt donné.

Trouver à quel taux on doit placer une somme donnée pendant un temps donné, pour qu'elle rapporte un intérêt donné.

Trouver le temps pendant lequel on devra placer une somme donnée, à un taux fixé, pour qu'elle rapporte un intérêt donné.

N'est-il pas certain que pour reconnaître l'existence de ces quatre questions dans l'énoncé de la question proposée, il aurait fallu une attention bien plus soutenue, une habitude de généralisation bien plus grande que lorsqu'on a la formule sous les yeux ?

Mais ce n'est pas là que se bornent les avantages de l'algèbre. Lorsqu'on est parvenu à énoncer les quatre questions en employant la méthode donnée en arithmétique, il faudra faire pour chacune, la suite des raisonnemens plus ou moins compliqués qui *amèneront à la formule propre à chaque question. L'algèbre au contraire, une fois trouvée la formule de l'une des questions, donne, pour trouver les trois autr es, des procédés pratiques qui exemptent de toute espèce de recherche d'intelligence.

Car, de l'égalité établie entre x et $\dfrac{ist}{100}$, elle permet de déduire, ou comme on dit, de *tirer* la valeur de l'une des trois quantités t, s, i au moyen de x et des deux restantes.

Dans l'algèbre, l'égalité $x = \dfrac{ist}{100}$ prend le nom d'*équation*. x est le *premier membre*, $\dfrac{ist}{100}$ est le *second membre*. Tirer la valeur d'une des quantités qui entrent dans cette équation, c'est *la résoudre* par rapport à cette quantité. Lorsque la quantité dont on veut tirer la valeur, et qu'on appelle l'*inconnue*, n'est élevée qu'à la première *puissance*, on dit que l'équation est du *premier degré*.

A ne considérer que les quatre questions ci-dessus et celles qui leur ressemblent, les équations et leur résolution pourraient ne paraître qu'une superfétation utile, une méthode seulement plus abréviative; puisque ces questions peuvent être résolues assez simplement par le raisonnement ordinaire. Mais toutes les questions ne ressemblent pas à celle-là. Dans le plus grand nombre d'entre elles, le nombre cherché est lié avec les nombres donnés et comme enveloppé par eux, de manière que le raisonnement le plus compliqué ne parviendrait pas à le dégager, si l'on n'avait recours aux méthodes algébriques de la résolution des équations.

La question qui suit ne présente pas ce degré de difficulté ; cependant quand on exprime d'une manière directe les rapports entre les données et l'inconnue, on arrive, non pas à une égalité dont le premier membre soit l'inconnue seule, mais bien à une équation dans laquelle cette inconnue se trouve diversement combinée avec les autres quantités de la question.

119. *On a un rectangle dont la base est* b
et dont la hauteur est h.
Quel est le nombre d'unités linéaires qu'il faudrait retrancher de la base et ajouter à la hauteur, pour que le rectangle devînt un carré.

Appelons ce nombre d'unités linéaires x.
La nouvelle base sera $b-x$.
La nouvelle hauteur sera $h+x$.

$$b-x, \qquad h+x,$$

les dimensions nouvelles, doivent être égales entre elles, puisque la figure doit être un carré ; on aura donc l'équation

$$b-x=h+x.$$

De cette équation, il est facile de déduire la composition de x en b et h, ou ce que nous avons appelé la formule de x. En effet :

Le terme $-x$ *du premier membre pourra s'écrire dans le second, pourvu qu'on change le* $-$ *en* $+$.

Car, en effaçant le $-x$ du premier membre, on accroît ce membre du nombre x ; il faut donc accroître aussi le second membre de x pour que l'égalité ait toujours lieu.

$$b = h + x + x \qquad \text{ou} \qquad b = h + 2x.$$

Le terme $+x$ du second membre pourra s'écrire dans le premier, pourvu qu'on change le $+$ en $-$.

On en découvre facilement la raison.

$$b - h = 2x.$$

La règle au moyen de laquelle on fait passer tous les termes inconnus dans un membre et tous les termes connus dans l'autre, s'énonce ainsi :

On fait passer un terme d'un membre dans l'autre, en l'écrivant dans cet autre, avec le signe contraire à celui qu'il avait dans le premier.

$$b - h = 2x.$$

De cette équation on tire, en divisant les deux membres par 2,

$$x = \frac{b - h}{2}.$$

C'est la formule de x.

La quantité cherchée est donc la moitié de la différence entre la base et la hauteur.

La formule ci-dessus aurait pu à la rigueur être trouvée sans intermédiaire, par un raisonnement assez simple. Mais il y a des questions , comme nous l'avons dit, où cela deviendrait tout-à-fait impossible. On serait donc arrêté dans la plupart des cas , si l'on ne pouvait faire les deux choses suivantes :

1° *Trouver l'équation qui se déduit naturellement de la question proposée.*

2° *Tirer de cette équation la formule du nombre qu'on s'est proposé de connaître.*

Ce sont ces deux choses qui constituent l'*algèbre*, science très étendue , et dont nous ne donnons ici que les premiers rudimens.

120. Pour compléter les règles de la résolution d'une équation du premier degré, nous allons prendre une équation un peu plus compliquée que la précédente.

Supposons que b et c soient les nombres donnés de la question, que x soit le nombre dont on veut trouver la formule , et qu'on ait trouvé en étudiant la question l'équation :

$$\frac{x}{c} + \frac{c}{b} = \frac{b}{c} - \frac{x}{b}$$

On pourra réduire tous les termes au même dénominateur , ce qui donnera

$$\frac{bx + c^2}{bc} = \frac{b^2 - cx}{bc}$$

Puis on fera disparaître le dénominateur bc *des deux membres*, ce qui peut se faire sans inconvénient, puisque cela revient à multiplier ces deux membres par un même membre bc. On aura alors

$$bx + c^2 = b^3 - cx$$

En appliquant les règles données ci-dessus pour le transport des termes d'un membre dans l'autre, on écrira

$$bx + cx = b^3 + c^2$$

mais $bx + cx$, c'est x multiplié par $b + c$.

$$(b + c)\, x = b^3 - c^2$$

d'où l'on tirera

$$x = \frac{b^3 - c^2}{b + c}$$

En récapitulant, on trouve les règles suivantes pour la résolution de l'équation du premier degré à une seule inconnue.

1° *Faire disparaître les dénominateurs de l'équation.*

2° *Mettre tous les termes connus dans un membre et tous les termes affectés de l'inconnue dans l'autre.*

3° *Diviser le membre composé de quantités toutes connues par le multiplicateur de l'inconnue.*

Ce multiplicateur, qu'on appelle coefficient de l'inconnue, est le polynome composé de tous les nombres qui multiplient l'inconnu, écrits à la suite les uns des autres avec leur signe.

4° *Le résultat est la formule ou valeur algébrique du nombre cherché.*

L'équation d'un premier degré à une seule inconnue, ne peut être vérifiée que par un seul nombre mis à la place de l'inconnue, puisque l'inconnue est donnée par le quotient de deux nombres. Ce nombre s'appelle *racine*.

121. Les formules de l'inconnue sont quelquefois simplifiables ; on leur applique, quand il y a lieu, les règles sur les opérations de l'algèbre. En reprenant la formule

$$x = \frac{b^2 - c^2}{b + c}$$

et faisant la division de $b^2 - c^2$ par $b + c$, d'après les règles connues, on trouvera pour quotient $b - c$ et la formule se réduira à

$$x = b - c.$$

On ne doit jamais négliger ces simplifications ; car lorsqu'on doit utiliser la formule, soit comme un élément d'algèbre, soit pour en venir au calcul arithmétique d'une question particulière, il est bien plus simple d'employer $b - c$ que $\dfrac{b^2 - c^2}{b + c}$.

Exercices.

122. 1° Traiter de nouveau les deux questions ci-dessus, en mettant des nombres à la place des lettres b et c.

(161)

2° A l'aide de la formule $x = \dfrac{ist}{100}$, résoudre algébriquement les trois questions restantes.

3° Reprendre la formule de la question d'escompte; faire composer l'énoncé des questions qu'elle renferme; les faire résoudre algébriquement en partant de la formule.

4° Pour familiariser les élèves avec la pratique de la résolution des équations, on fera composer des exemples par les élèves, on en composera soi-même; ayant soin de les arranger de manière que la formule à laquelle on arrivera, soit susceptible de se réduire très simplement par les règles d'algèbre. Voici un exemple composé dans ce but :

$$1 - \frac{x}{c} - \frac{2a}{b} + \frac{b^2}{ac} = \frac{2b-3a}{c} + \frac{4a^3-2ax}{bc} - \frac{bx}{ac} + \frac{b}{a}.$$

On fera un exercice utile en recommençant la résolution, après avoir donné à a, b, c des valeurs numériques et vérifiant la valeur de x, par la formule de x obtenue dans le premier cas.

On s'exercera sur les exemples suivans à traduire dans le langage algébrique une question proposée; c'est ce qu'on appelle mettre un problème en équation; et on résoudra ensuite l'équation par les règles qu'on vient de donner.

PROBLÈMES A UNE INCONNUE.

5° La moitié, le tiers, le quart d'un nombre ajoutés à 74 donnent 423; quel est ce nombre ?

6° Par un point pris sur un côté d'un triangle, mener une droite qui partage le triangle en deux surfaces, dont le rapport soit celui des deux lignes, ou des deux nombres m et n. On pourra construire la ligne prise pour inconnue en appliquant les méthodes données au numéro (116).

7° Partager une somme d'argent en deux parties qui, placées à deux taux donnés différens l'un de l'autre, produisent des intérêts égaux.

8° Deux personnes font un acte de société : l'une met dans la société un billet payable dans 5 mois, le taux d'escompte étant 6 francs ; l'autre deux mois seulement après la signature de l'acte verse à la caisse de la société une somme d'argent p. Quel doit être le montant du billet souscrit par le premier pour que les associés aient des droits égaux dans la société ?

9° Un renard poursuivi par un levrier a 60 sauts d'avance. Il en fait 9 pendant que le levrier n'en fait que 6 ; mais 3 sauts du levrier en valent 7 du renard. Combien le levrier fera-t-il de sauts pour atteindre le renard ?

DE LA GÉNÉRALISATION DES QUESTIONS. — SOLUTIONS NÉGATIVES.

123. Nous avons vu (118) comment l'algèbre fait découvrir dans un problème dont on lui soumet l'analyse, tous les problèmes différens qui peuvent s'en déduire ;

mais elle féconde les questions d'une manière bien plus importante encore, en obligeant, pour ainsi dire, de généraliser une question qui n'avait été posée que d'une manière restreinte, et étudiée seulement sous une seule de ses faces. L'exemple suivant va faire pressentir toute la valeur de cette généralisation.

L'âge d'un père exprimé en années est p. Celui de son fils est f. A quelle époque l'âge du père sera-t-il double de l'âge du fils ?

Soit x le nombre des années évaluées jusqu'à cette époque.

Après ces x années, les âges du père et du fils seront exprimés par

$$p+x, \qquad f+x.$$

Donc, d'après les conditions de la question, on aura l'équation.

$$p+x=2(f+x)$$

d'où l'on tire successivement

$$p+x=2f+2x, \qquad p=2f+x, \qquad x=p-2f.$$

Supposons que p soit plus grand que $2f$, soit $p=40^{\text{ans}}$, $f=15^{\text{ans}}$; *la soustraction* $p-2f$ *ou* $40-15\times2$ *est possible*, et l'on trouve

$$x=10$$

C'est dans 10 *ans que l'âge du père sera double de celui du fils.*

Supposons que p soit plus petit que $2f$; soit $p=50$, $f=30$; *la soustraction $p-2f$, ou $50-30\times2$ est impossible*, et l'on trouve

$$x=50-60=50-50-10, \quad \text{qu'on écrit} \quad x=-10.$$

Après avoir épuisé les unités de p par une soustraction de 50 unités prises sur les 2×30 de $2f$, il resterait encore 10 unités à soustraire. On appelle *négative* la valeur $x=-10$.

Le caractère d'absurdité de l'équation définitive $x=p-2f$ qui consiste dans l'impossibilité d'exécuter la soustraction $p-2f$ se retrouve dans toutes celles qui précèdent et aussi dans l'équation primitive

$$p+x=2(f+x)=2f+2x.$$

En effet, dans celle-ci, il faudrait, en ajoutant seulement x à p, arriver à une somme égale à celle qu'on obtiendrait en ajoutant $2x$ à $2f$, tandis que déjà $2f$ tout seul est plus grand que p. Donc pour l'hypothèse $p<2f$ la question proposée est absurde, puisque pour cette hypothèse l'équation

$$p+x=2(f+x),$$

qui n'est qu'une traduction fidèle de cette question, est elle-même absurde:

Le double de l'âge du fils ayant déjà dépassé l'âge du père, il n'y a point d'époque postérieure pour laquelle le double de cet âge devienne égal à l'âge du père.

Mais si l'augmentation qu'on fait subir aux deux âges par l'addition de x ne fait qu'accroître en quelque sorte l'absurdité de l'équation $p+x=2(f+x)$, en rendant l'impossibilité de la vérification de plus en plus manifeste; on comprend par là même, qu'une diminution graduelle de ces deux âges atténuant de plus en plus la différence entre l'un des âges et le double de l'autre, à mesure que cette diminution sera plus sensible, l'équation nouvelle

$$p-x=2(f-x)$$

résultant de cette soustraction, puisse être vérifiée.

Or, traduisez cette équation en langage ordinaire avec le sens concret des quantités p et f, et vous aurez la question suivante :

L'âge d'un père exprimé en années est p ; *celui de son fils est* f ; *à quelle époque antérieure l'âge du père était-il double de l'âge du fils ?*

La résolution de cette équation nouvelle conduit à une valeur

$$x=2f-p=-(p-2f)$$

qui est nécessairement de signe contraire à celle qu'on avait obtenue plus haut.

Et prenant $p=5o$ et $f=3o$,

La soustraction est possible.

Il y a 10 ans que l'âge du père était double de celui du fils.

De tout ce qui précède nous tirerons les conclusions importantes qui suivent :

1° Lorsqu'on trouve pour l'inconnue une valeur qui se manifeste dans la composition des parties qui la forment par une soustraction impossible, ou en d'autres termes, selon l'expression adoptée, lorsqu'on trouve une *valeur négative*, cela indique que l'équation ne saurait être résolue dans le sens propre où elle est posée.

2° Cette équation peut être résolue dans un sens différent, en changeant le signe de l'inconnue dans l'équation.

3° La traduction en langage ordinaire de l'équation modifiée, si cette traduction a un rapport raisonnable avec la question concrète proposée, donne une question qui n'offre qu'un sens nouveau de la question proposée ; en sorte que cette question proposée et celle sur laquelle on est tombé, forment un ensemble général qui agrandit le cercle de la question, qu'on n'avait d'abord examinée que dans une de ses particularités.

4° La solution négative trouvée, prise avec sa valeur numérique, est la solution directe de l'équation modifiée.

La résolution et la discussion des questions suivantes, achèvera d'éclaircir ce que la théorie qu'on vient d'exposer peut avoir d'embarrassant pour les lecteurs.

Exercices.

A partir du sommet в d'un triangle abc et sur le côté ba, marquer une distance bx, telle que la ligne menée par le point x, parallèlement au côté $bc = c$, soit égale à une ligne donnée m.

Un vase contient p mesures d'eau à la température t ;

on veut abaisser la température à t', en mélangeant avec l'eau du vase un nombre de mesure qui est le quart de p. Quelle doit être la température de l'eau qu'on ajoute ?

On fera les hypothèses convenables, pour rendre la valeur des inconnues de ces deux questions successivement positives et négatives. La discussion de ces questions et de celle qui précède amènera aux réflexions qui suivent :

124. Il y a des questions dans lesquelles les nombres cherchés peuvent être également, soit des élémens d'augmentation, soit des élémens de diminution pour certaines quantités de la question. Ainsi, un nombre d'années qui peut se compter, soit dans l'avenir, soit dans le passé, comme dans la question du père et du fils ; une longueur géométrique qui doit se porter sur une ligne, soit dans un sens de cette ligne, soit dans le sens opposé, comme dans la question du triangle ; une température qui se compte, à partir du zéro de l'échelle thermométrique, soit en montant, soit en descendant, comme dans la question du mélange, sont nécessairement des élémens ou d'augmentation ou de diminution pour les nombres de ces questions qui représentent des durées, des longueurs portées sur la ligne fixe BA, ou des températures évaluées sur l'échelle thermométrique ascendante ou descendante.

Ces questions donnent lieu à des solutions négatives, qu'il faut bien se garder de considérer comme absurdes, puisque ce sont elles qui généralisent les questions, qu'on n'avait envisagées d'abord que sous un point de vue restreint et particulier.

Les généralités qu'embrasse l'étude de la géométrie et de la mécanique par l'algèbre, sont pour la plus grande partie fondées sur ce genre de solutions, sans l'admission desquelles ces sciences n'auraient point fait de progrès rapides. C'est en vue de ces généralités qu'on a admis avec raison dans ces études, des quantités précédées les unes du signe $+$, les autres du signe $-$, pour indiquer leur destination d'avance; et qu'on a été en droit d'exécuter les opérations d'algèbre sur les quantités isolées affectées du signe $-$ et qu'on appelle négatives, d'après les règles établies, lorsque les monomes sont liés entre eux dans un même polynome. L'utilité de l'application de ces règles sur les quantités négatives isolées, a été suffisamment sentie dans la question précédente, pour que nous nous en servions dorénavant. A mesure que nous avancerons dans l'ouvrage, la légitimité de ces règles, dont nous donnons ci-dessus le tableau, se reconnaîtra de plus en plus.

ADDITION ET SOUSTRACTION.

$$+a+(-b)=+a-b; \quad +a-(-b)=a+b.$$

MULTIPLICATION.

$$a\times-b=-ab; \quad -a\times+b=-ab; \quad -a\times-b=+ab.$$

DIVISION.

$$\frac{-a}{b}=-\frac{a}{b}; \qquad \frac{+a}{-b}=-\frac{a}{b}; \qquad \frac{-a}{-b}=+\frac{a}{b}.$$

APPLICATIONS NOUVELLES.

125. 1° Un bassin contient une quantité b d'eau;

deux fontaines coulent ensemble dans ce bassin ; la première débite une quantité p d'eau par heure. Au bout
de h heures on trouve dans le bassin une quantité d'eau
b' ; on demande ce que débite par heure la seconde
fontaine.

2° Mener une tangente commune à deux cercles.

3° Un volume v de gaz est à la température t ; on le
fait passer à la température t' ; quel est l'accroissement
du volume ?

Le volume d'un gaz s'accroît ou se resserre de 0,00375
de son volume à zéro, par chaque degré d'augmentation
ou de diminution dans sa température.

SENS DES SOLUTIONS QUI SE PRÉSENTENT SOUS LA FORME

$$\frac{M}{0}, \quad \frac{0}{0}.$$

126. Proposons-nous la question particulière suivante :

Étant donné deux droites AE, BE, qui concourent en
un point E, dont on ne peut approcher ; on demande de
trouver le nombre de mètres qu'il y a du point B au
point de rencontre E (fig. 3).

Pour résoudre la question, prenons sur la ligne BE un
second point b, et soit d sa distance AB ; par B et b
menez deux parallèles quelconques AB, ab, jusqu'à la
rencontre de AE, soient p, q leurs mesures ; enfin, soit
x la distance cherchée BE.

La similitude des deux triangles ABE, *abe* donne immédiatement l'équation

$$\frac{p}{x} = \frac{q}{x-d} \qquad \text{d'où l'on tire} \qquad x = \frac{pd}{p-q}$$

Tant que les deux droites AE, BE s'inclineront l'une sur l'autre, la formule $\dfrac{pd}{p-q}$ donnera la distance du point B au point de rencontre. Mais si les deux droites devenaient parallèles, il n'y aurait pas lieu de chercher la distance x. Les longueurs p et q devenant égales, la solution algébrique se présenterait sous la forme

$$\frac{pd}{o}, \qquad \text{tandis que l'équation devient} \qquad \frac{p}{x} = \frac{p}{x-d};$$

équation évidemment impossible, puisqu'elle ne pourrait avoir lieu qu'autant que x et $x-d$ seraient le même nombre.

Il faut conclure de là que *lorsqu'une hypothèse faite sur les données de la question anéantit le dénominateur de la valeur de* x, *la question est absurde.*

L'équation $\dfrac{p}{x} = \dfrac{p}{x-d}$ approchera d'autant plus d'être vérifiée, qu'on prendra pour x un nombre plus grand. A cause de cela, on dit que la question proposée, comme toutes celles qui lui ressemblent, ne saurait être résolue que par une valeur infinie de l'inconnue. C'est pour cela que la forme $\dfrac{m}{o}$ est consacrée à représenter un nombre qui croît sans limite, ou un nombre infini.

Au reste, dans la question concrète qui nous occupe, si la forme $\dfrac{m}{o}$ n'est pas par elle-même une valeur arithmétique, elle indique au moins une circonstance géométrique de la question. C'est le parallélisme des deux droites. Nous verrons plus tard comment on se sert de la condition que le dénominateur de la formule de x s'évanouisse, pour établir à l'avance l'impossibilité d'une question, et dans la géométrie pour établir la condition de parallélisme des deux lignes droites.

2° En admettant toujours le parallélisme des deux droites, supposons que la distance p diminue jusqu'à devenir nulle ; dans ce cas, il n'y aurait pas lieu de chercher la distance x ; les droites se rencontrent en tout point, la distance x est tout ce qu'on voudra. La solution algébrique se présente sous la forme

$$\frac{o}{o} \quad \text{et l'équation devient} \quad \frac{o}{x} = \frac{o}{x-d},$$

équation qui est satisfaite par tout nombre quel qu'il soit ; puisque dans toute hypothèse faite sur r les deux membres resteront toujours o. L'équation indique numériquement la multiplicité infinie des solutions ; on dit alors que la question est indéterminée, et le symbole $\dfrac{o}{o}$ est consacré à représenter l'indétermination.

Cela ne s'applique point au cas où une formule, comme $\dfrac{b^2(a-b)}{2a(a^2-b^2)}$ ne s'offre sous la forme $\dfrac{o}{o}$ par l'hypothèse $a=b$, qu'à cause de l'existence d'un facteur $(a-b)$, commun aux deux termes et qui devient o dans l'hypothèse $a=b$. Car dégageant les deux termes de ce facteur, et après cela faisant l'hypothèse $a=b$, on trouve la valeur déterminée de la formule, qui serait ici la fraction numérique $\frac{1}{4}$.

On se sert aussi de la condition que les deux termes de la valeur de x s'évanouissent, pour introduire dans une question la condition d'indétermination, comme nous le verrons plus tard. Les élèves s'exerceront sur les questions suivantes à traduire les conditions d'une question dans le langage algébrique.

Exercices.

127. 1° Pour payer un certain nombre d'ouvriers sur le pied de 3 fr. chacun, il manque 8 fr. à un homme qui les fait travailler ; mais en ne leur donnant à chacun que 2 fr., il lui reste 3 fr. On demande combien cet homme a d'argent.

2° On dit à une personne de penser un nombre impair, d'en retirer 5, de prendre la moitié du reste ; enfin, d'ajouter à cette moitié le nombre même qui a été pensé. La personne déclare que le résultat de ces opérations est 20 ; quel est le nombre pensé ?

3° Trente-deux livres d'eau de mer contiennent une livre de sel. Combien faut-il ajouter d'eau douce, pour que 16 livres du mélange ne contiennent plus qu'une once de sel ?

4° Trois marchands font une société; le premier fournit 17000 fr.; le second 13000 fr.; le troisième 10000 fr. Comme ils ont besoin de quelqu'un qui se donne les soins que demande leur commerce, celui qui n'a mis que 10000 fr. se charge de toutes les affaires, à condition qu'il tirera de plus que les autres 3 p. $\frac{0}{0}$ de tout le gain qui se fera : il arrive que ce gain monte à 100,000 fr. On demande comment ce gain sera partagé.

5° Une montre marque midi. On demande combien de fois les aiguilles des heures et des minutes se rencontreront depuis midi jusqu'à minuit, et à quelle heure se fera chaque rencontre?

6° Une personne ayant des jetons dans les deux mains, en prend un de la droite pour l'ajouter à ceux de la gauche, et par là il s'en trouve autant dans l'une que dans l'autre. Si elle en eût fait passer deux de la gauche dans la droite, cette dernière main en aurait contenu le double de ce qui serait resté dans l'autre. Combien y avait-il d'abord de jetons dans chaque main ?

ÉQUATION DU PREMIER DEGRÉ A PLUSIEURS INCONNUES.

128. L'adoption de plusieurs inconnues pour résoudre une question permet souvent d'écrire avec facilité les rapports que la question établit entre toutes les quantités qu'elle comporte. Souvent même il serait impossible de mettre la question en équation, si l'on s'imposait l'obligation de n'avoir recours qu'à une seule inconnue. C'est pourquoi nous devons donner les mé-

thodes employées pour résoudre les équations à plusieurs
inconnues.

En faisant passer tous les termes inconnus dans le
premier membre, et réunissant tous les termes connus
dans le second membre, on trouve pour formule générale des équations du premier degré.

<table>
<tr><td>A deux inconnues :</td><td>A trois inconnues :</td></tr>
</table>

$$ax + by = c$$
$$a'x + b'y = c'$$

$$ax + by + cz = d$$
$$a'x + b'y + c'z = d'$$
$$a''x + b''y + c''z = d''$$

Pour résoudre ces équations on peut tirer de la première la valeur de l'une des inconnues, x par exemple,
et la mettre dans les autres équations.

Dans le premier cas, on arrivera à une équation en y
qui donnera pour y une valeur unique. Cette valeur sub-
stituée dans celle de x qui était exprimée en y, donnera
pour cette inconnue une valeur aussi unique. En sorte
que les deux équations ne pourront être vérifiées que
par un seul système de valeurs de x et de y.

Dans le second cas, on arrivera à deux équations en
y et z, qui donneront, pour y et z, un système unique
de valeurs. Ces valeurs substituées dans la valeur de x,
qui était exprimée en y et z, donneront pour cette inconnue une valeur unique; en sorte que les trois équations ne
pourront être vérifiées que par un seul système de valeurs de xyz.

Cette méthode s'appelle *méthode par substitution*. Le
procédé consiste à *exclure* des équations successivement

toutes les inconnues pour tirer la **valeur** de l'inconnue restante. On dit alors qu'on *élimine* les inconnues.

129. L'*élimination* successive des inconnues se fait avantageusement par une méthode à laquelle on a donné le nom de méthode par *addition* et *soustraction*, et dont l'esprit consiste à rendre égaux les coefficiens de l'inconnue qu'on veut éliminer. Nous allons indiquer les calculs de cette méthode.

$$(1)\ ax + by = c \qquad\qquad (I)\ ax + by + cz = d$$
$$(2)\ a'x + b'y = c' \qquad\qquad (II)\ a'x + b'y + c'z = d'$$
$$(III)\ a''x + b''y + c''z + d'' = 0.$$

Multiplions tous les termes de la première équation par a', et tous les termes de la seconde par a, nous aurons

$$aa'x + ba'y = cd' \qquad\qquad a'ax + a'by + a'cz = a'd$$
$$aa'x + ab'y = ac' \qquad\qquad aa'x + ab'y + ac'z = ad'$$

Retranchons ces équations l'une de l'autre, membre à membre, ce qui est permis, et nous trouverons

$$(3)\ (ab' - ba'y) = ac' - ca'$$
$$(IV)\ (ab' - a'b) + (ac'y - a'c)z = ad' - a'd.$$

L'inconnue x se trouve éliminée. Cela suffit pour la résolution du premier cas. Car on tirera de (3) la valeur de y. On éliminera y de la même manière, et l'on trouvera pour les deux valeurs :

$$x = \frac{cb' - bc'}{ab' - ba'} \qquad\qquad y = \frac{ac' - ca'}{ab' - ba'}$$

Pour le deuxième cas , on devra joindre à l'équation (IV) une équation résultant de l'élimination de x entre (I) et (III). Ces deux équations rentreront dans le cas de deux équations à deux inconnues, et le même mode d'élimination fournira les valeurs de y et de z. Pour obtenir la valeur de x directement par cette méthode , on reprendra les équations proposées et on éliminera entre elles les inconnues y et z.

130. On a observé la loi de formation des formules générales de x et de y dans le premier cas , et de x, de y, de z dans le second. Voici cette loi :

Premier cas ; avec les lettres a et b formez les deux arrangemens ab, ba; mettez le signe — entre ces arrangemens, accentuez la dernière lettre de chacun d'eux, et vous aurez le dénominateur commun des valeurs de x et de y. Pour avoir les numérateurs, changez dans le dénominateur le coefficient de l'inconnue, en le terme connu correspondant.

Second cas ; après avoir écrit les arrangemens ab, ba, placez successivement dans chacun d'eux la lettre c à toutes les places possibles, en commençant par la droite, et interposez alternativement le signe — et $+$ entre les arrangemens de trois lettres résultans; mettez l'accent *prime* sur la deuxième lettre, et l'accent *seconde* sur la troisième lettre de chaque arrangement; vous aurez ainsi formé le dénominateur commun des valeurs de x, de y, de z.

$$ab'c'' - ac'b'' + ca'b'' - ba'c'' + bc'a'' - cb'a''.$$

Pour former les numérateurs respectifs, changez les

coefficiens de l'inconnue dans les termes tout connus correspondans. On trouve ainsi les trois formules :

$$x = \frac{db'c'' - dc'b'' + cd'b'' - bd'c'' + bc'd'' - cb'd''}{ab'c'' - ac'b'' + ca'b'' - ba'c'' + bc'a'' - cb'a''}$$

$$y = \frac{ad'c'' - ac'd'' + ca'd'' - da'c'' + dc'a'' - cd'a''}{ab'c'' - ac'b'' + ca'b'' - ba'c'' + bc'a'' - cb'a''}$$

$$z = \frac{ab'd'' - ad'b'' + da'b'' - ba'd'' + bd'a'' - db'a''}{ab'c'' - ac'b'' + ca'b'' - ba'c'' + bc'a'' - cb'a''}$$

131. Cette résolution faite, on pourrait peut-être objecter, que les équations d'où l'on a tiré les valeurs de x, de y, de z, n'étant que des dérivées des équations données primitivement, il n'est pas certain que les valeurs soient bien celles qui conviennent aux équations primitives : voici comment on doit résoudre cette objection. Quelle que soit la combinaison qu'on fasse des équations (I), (II), (III), par addition ou soustraction, pour obtenir une équation nouvelle, cette équation nouvelle sera satisfaite par les mêmes valeurs, de x, de y, de z, qui conviennent aux équations primitives, et ne sauraient être vérifiées par d'autres valeurs.

En effet, qu'on retranche les équations (I), (II), et qu'on joigne à l'équation résultante (V), les équations (II) et (III) membre à membre, on aura le système des trois équations.

$$ax - a'x + by - b'y + cz - c'z = d - d' \quad (V)$$

$$a'x + b'y + c'z = d \quad (\text{II})$$

$$a''x + b''y + c''z = d'' \quad (\text{III})$$

Le système de valeurs qui seul vérifie les équations (1), (II), (III), vérifie le système (V), (II), (III). Car le premier membre de l'équation(V) du second système, se compose de deux parties,

$$ax + by + cz \qquad \text{et} \qquad -a'x - b'y - c'z$$

dont la première devient d et la seconde $-d'$ quand on y substitue au lieu de x, y, z, le système des valeurs de (I), (II), (III). Cette équation du second système est donc vérifiée par ces valeurs, puisque son second membre est $d - d'$. Les deux autres équations du même système, sont aussi vérifiées par les mêmes valeurs, puisqu'elles sont les deux dernières du premier système. Mais le système (V), (II), (III) ne saurait être vérifié que par un seul système de valeurs, de x, y, z, donc le système (V), (II), (III) peut remplacer le système (I), (II), (III). D'où l'on voit que dans le système proposé, on peut remplacer l'une quelconque des équations du système, par une équation provenant de la combinaison par addition ou soustraction de deux équations de ce système.

La conclusion serait la même, si avant de faire la combinaison, on avait préalablement multiplié les deux membres de chacune des équations respectivement par un même nombre, pourvu que ce nombre ne soit pas l'une des inconnues.

Exercices.

132. Résoudre les équations suivantes.

1° $\dfrac{a^2 c}{2b^2} + \dfrac{4cx}{3a} = \dfrac{5ab}{c} - 3a$, $\qquad \dfrac{ab(b-d-x)}{a-c} = a(x-c)$

2° $3x - 2y = 1$ $\qquad\qquad 2x + 3y - 4z = 1$

$\quad\ 2x + 6y = 4$ $\qquad\qquad 3x - 4y + 5z = 4$

$\qquad\qquad\qquad\qquad\qquad\ \ 5x - 5y + 3z = 3$

3° $2x + 3y = 8$ $\qquad\qquad 2x + 3y = 2$

$\quad\ 4y - 2z = 2$ $\qquad\qquad 6y - 4z = 1$

$\quad\ 5z - 3x = 12$ $\qquad\qquad 14z + 3x = 5$

SENS DES SOLUTIONS QUI SE PRÉSENTENT SOUS LA FORME $\dfrac{m}{o}$, $\dfrac{o}{o}$ DANS LES ÉQUATIONS A PLUSIEURS INCONNUES.

133. *Équations à deux inconnues.* Les équations

$$ax + by = c \qquad\qquad a'x + b'y = c'$$

ont donné

$$x = \frac{bc' - cb'}{ab' - ba'} \qquad\qquad y = \frac{ac' - ca'}{ab' - ba'}.$$

Si une hypothèse particulière faite sur les nombres a, b, a' b', rend $ab' - ba'$ nul, les valeurs se présentent sous la forme $\dfrac{m}{o}$.

Pour reconnaître le sens de ce symbole, observons que de

$$a - ba' = c \qquad \text{on tire} \qquad \frac{a}{a'} = \frac{b}{b'},$$

en multipliant les termes de la deuxième équation par les rapports égaux

$$\frac{a}{a''}, \quad \frac{b}{b''}, \quad \frac{a}{a''}, \qquad \text{elle devient} \qquad ax + by = \frac{a}{a'}c.$$

Cette deuxième équation ne saurait être vérifiée par les mêmes valeurs, de x et de y, qui vérifient la première; puisque les deux premiers membres des deux équations devenant égaux, les seconds membres restent différens. *Les équations sont contradictoires, elles ne peuvent être la traduction d'une question susceptible de solution. La question dont elles sont une traduction est absurde.*

Exemple :

Deux mobiles se meuvent sur la ligne des points A et B dont la distance est d lieues, ils marchent dans le même sens. Le premier à une vitesse de P lieues par heure, et passe en A, α heures avant midi. Le second fait q lieues par heure, et passe en B, 6 heures après midi. On demande les distances du lieu de leur rencontre, aux points A et B.

R étant le point de rencontre, soit x la distance AR, y la distance BR; on aura pour première équation,

$$x - y = d$$

A midi le premier mobile sera arrivé en ᴀ′, distant de ᴀ de αp lieues.

A midi le second mobile sera en avant de ʙ en ʙ′, distant de ʙ de βq lieues.

Les espaces $\mathrm{ᴀ′ʙ} = x - \alpha p$, $\mathrm{ʙ′ʙ} = q + \beta q$, sont parcourus dans le même temps, on aura donc pour seconde équation,

$$\frac{x - \alpha p}{p} = \frac{y + \beta q}{q}, \quad \text{qui se réduit à} \quad qx - py = \alpha qp + \beta qp.$$

En comparant ces deux équations aux équations générales du numéro précédent, on voit que la condition

$$ab' - ba' = o, \qquad \text{ou celle-ci} \qquad \frac{a}{a'} = \frac{b}{b'}$$

revient à

$$\frac{q}{1} = \frac{-p}{-1} \qquad \text{ou} \qquad q = p.$$

C'est cette condition qui donne aux deux valeurs de x et de y,

$$x = \frac{dq - \beta pq - \alpha pq}{p - q}, \; y = \frac{dp - \beta pq - \alpha pq}{p - q} \quad \text{la forme} \quad \frac{\text{M}}{\text{o}}.$$

L'impossibilité de la question concrète répond au désaccord algébrique des deux équations. Car si $p = q$ les mobiles ont la même vitesse, et comme les points ᴀ′ ʙ′

où ils passent l'un et l'autre à midi ne se confondent pas, ils ne peuvent jamais se rencontrer.

Si q sans être égal à p se rapproche de plus en plus de la valeur de p, les distances x et y qui sont données par un quotient dont le diviseur est de plus en plus petit, deviennent de plus en plus grandes; elle croissent sans limite, en même temps que la différence entre p et q décroît sans limite.

C'est pour cette raison que l'expression $\dfrac{M}{0}$, est prise pour le symbole d'un nombre qui croît sans limite et qu'on appelle nombre infini.

Nous verrons plus tard comment ce symbole $\dfrac{M}{0}$, qui est toujours dans les cas semblables, un signe d'impossibilité radicale de la question, donne des indications précieuses dans certaines questions concrètes, et fournit même un moyen d'analyse pour découvrir d'importantes circonstances de ces questions.

En général, lorsqu'ayant posé les équations d'une question concrète avec des lettres, on voudra connaître les circonstances où la question est impossible, on posera $ab' - ba' = o$, et l'on déterminera les quantités données de la question de manière qu'elles satisfassent à cette condition.

134. Supposons que des hypothèses faites sur a, b, c; a', b', c', rendent nulles à la fois les deux quantités $ab' - ba'$, $cb' - bc'$; il résultera de ces deux conditions

$$\frac{a}{a'} = \frac{b}{b'} = \frac{c}{c'}.$$ On tire de là $ac' - ca' = o$;

donc les valeurs de x et de y, se présentent sous la forme $\dfrac{0}{0}$.

Pour reconnaître le sens de ce symbole, multiplions les trois termes de l'équation $a'x + b'q = c'$ respectivement par les rapports égaux $\dfrac{a}{a'}$, $\dfrac{b}{q'}$, $\dfrac{c}{c'}$, elle se ramènera à la première équation $ax + by = c$.

La question proposée ne fournit donc en réalité qu'une seule équation ; elle peut donc être résolue par une infinité de systèmes de valeurs, de x et y. Car si dans l'équation de la question, on met pour x un nombre quel qu'il soit, on tirera un nombre correspondant pour y. On dit alors que la question est indéterminée.

Exemple.

Reprenons la question des deux mobiles : les conditions $\dfrac{a}{a'} = \dfrac{b}{b'} = \dfrac{c}{c'}$ appliquées aux équations de cette question donnent

$$\frac{q}{1} = \frac{-p}{-1} = \alpha\frac{pq + \delta pq}{d}, \qquad \text{ou} \qquad q = p = \frac{\alpha pq + \delta pq}{d}.$$

Il résulte de là que $\alpha p + \delta q = d$ ou que les points $\mathbf{a'}$ et $\mathbf{b'}$ se confondent.

L'indétermination de la question concrète répond très bien à celle de la question purement algébrique. Car les mobiles ayant la même vitesse, et passant à un même point du temps, en un même point de la ligne, ont dû et doivent toujours marcher ensemble. Les rencontres se font donc à tout instant ; donc les distances du point de rencontre à A et B, sont en nombre infini.

En général, lorsqu'ayant posé les équations d'une question concrète avec des signes généraux, on voudra étudier les circonstances où il y a une infinité de solutions, il faudra poser les conditions $\dfrac{a}{a'} = \dfrac{b}{b'} = \dfrac{c}{c'}$ et déterminer les données de la question de manière à satisfaire à ces conditions.

135. Pour les équations à plus de deux inconnues nous nous bornerons à dire que le symbole $\dfrac{A}{0}$, indique toujours la contradiction entre les équations. Mais le symbole $\dfrac{0}{0}$ étant le même pour toutes les valeurs des inconnues, n'entraîne pas toujours l'indétermination.

Les élèves pourront s'exercer à poser sur les quantités a, b, c, d ; a', b', c', d' ; a'', b'', c'', d'', des hypothèses qui donnent des équations contradictoires, quoique les valeurs des inconnues deviennent $\dfrac{0}{0}$ par ces hypothèses.

Mais lorsqu'on voudra trouver des circonstances pour lesquelles une question concrète résolue avec des signes généraux est impossible, on pourra, parmi plusieurs autres hypothèses, faire la suivante :

$$\frac{a}{a'} = \frac{b}{b'} = \frac{c}{c'}.$$

Et pour trouver les circonstances pour lesquelles la question est susceptible de solutions multiples , on posera

$$\frac{a}{a'} = \frac{b}{b'} = \frac{c}{c'} = \frac{d}{d'} \qquad \text{ou} \qquad \frac{a}{a''} = \frac{b}{b''} = \frac{c}{c''} = \frac{d}{d''}$$

ou bien encore, on possera ces deux conditions à la fois.

On déterminera les quantités données de la question de manière qu'elles satisfassent à ces conditions.

Il sera fait plus tard usage de ces moyens d'analyse dans l'application de l'algèbre à la géométrie.

Exercices.

136. 1° Une couronne composée de lames d'or appliquées sur de l'argent, pèse p ; son volume reconnu à l'aide de la balance hydrostatique est v. On demande la quantité d'or et d'argent qui entre dans la couronne. On sait que o et a sont les poids spécifiques de l'or et de l'argent.

2° Deux sources qui coulent uniformément, ont rempli ensemble un réservoir R, l'une en coulant pendant un temps T, l'autre pendant un temps T' ; les deux mêmes sources ont rempli un autre réservoir R, la première en coulant pendant le temps t, la seconde pendant le temps t', on demande la dépense de chacune de ces sources.

3° Un changeur a deux espèces de monnaie ; il faut A pièces de la première pour faire un écu ; il faut B pièces de la seconde pour faire la même somme. Quelqu'un demande c pièces pour un écu ; combien le changeur donnera-t-il de pièces de chaque espèce ?

4° Trois personnes jouent ensemble ; à la 1re partie, la première et la deuxième gagnent chacune une somme égale à celle qu'elles avaient en commençant. A la 2me partie, la première et la troisième gagnent à la deuxième autant qu'elles ont chacune. Enfin à la 3me partie la deuxième et la troisième gagnent à la première autant qu'elles ont chacune. On cesse de jouer et chacun se trouve avoir 120 fr. Qu'avait chaque personne en se mettant au jeu ?

5° Un nombre est composé de trois chiffres, dont la somme fait 11 ; le chiffre des unités est double de celui des centaines ; et quand on ajoute 297 à ce nombre, on obtient une somme qui est le nombre renversé. Quel est le nombre qui jouit de cette propriété ?

6° Un nombre est formé de quatre chiffres dont la somme est 11 ; le chiffre des dixaines est égal à la somme des chiffres des centaines et des mille ; celui des mille est égal à la somme de ceux des centaines et des unités ; et quand on retranche de ce nombre 1728 on obtient pour reste le nombre renversé. Quel est le nombre qui jouit de cette propriété ?

FIN.

ADDITION.

QUOTIENS ET FRACTIONS PÉRIODIQUES.

Lorsqu'on divise un nombre par un autre, le quotient ne peut pas toujours s'exprimer exactement en décimales; car le dividende ne se compose pas nécessairement d'un certain nombre de dixièmes, centièmes ou millièmes, etc., répétés autant de fois qu'il y a d'unités dans le diviseur. Dans ce cas, les chiffres du quotient se répètent périodiquement.

Exemples.

$$7 \; : \; 11 = \tfrac{7}{11} \qquad\qquad 5 \; : \; 6 = \tfrac{5}{6}$$

$$
\begin{array}{r|l} 7 & 11 \\ 70 & 0{,}636363\ldots \\ 40 & \\ 70 & \end{array}
\qquad
\begin{array}{r|l} 50 & 6 \\ 20 & 0{,}8333\ldots \\ 20 & \end{array}
$$

Le premier quotient s'appelle périodique simple; le second, périodique mixte, parce que la période ne commence pas au premier chiffre décimal.

Les quotiens dont le nombre de chiffres est infini, répondent à des fractions ordinaires que nous allons apprendre à trouver :

1° Si de 63,636363, qui vaut 100 fois 0,636363, nous retranchons 0,636363,

$$63,636363$$
$$0,636363.$$

le reste $\quad 63 \quad$ vaudra 99 fois le quotient périodique $0,63636363$;

donc $0,636363 = \dfrac{63}{99}$.

D'où cette règle : *la partie décimale du quotient périodique simple s'obtient, en donnant pour dénominateur à la période un nombre formé d'autant de 9 qu'il y a de chiffres dans cette période.*

$$2° \qquad 0,83333 = \frac{8}{10} + \frac{0,33333}{10} = \frac{8}{10} + \frac{3}{90}$$

D'où cette règle : *la partie mixte s'évalue en fractions ordinaires, comme les quotiens décimaux finis ; la partie périodique s'évalue d'après la règle donnée plus haut, en ajoutant au dénominateur autant de zéros qu'il y a de chiffres à la partie mixte.*

TABLE DES MATIÈRES.

ARITHMÉTIQUE.

GÉOMÉTRIE.

ALGÈBRE.

FIN DE LA TABLE DES MATIÈRES.

IMP. DE E.-J. BAILLY, PLACE SORBONNE, 2.

9 782019 995973